序

　　随着社会的发展，人民生活水平的提高，对园林绿化也提出了更高的要求，园林树种多样化的要求也随之提高。人们在欣赏美景的同时，迫切希望在园林中能见到更多不同种类的植物。最近几年，各类识花软件层出，市场广阔，很多市民和学生对植物识别日益热衷，通过识别、检索来提高对植物的认知，提高个人品味及文化素养。如何将园林绿化植物知识传播给大众，提高大众的植物保护意识，进而提高对珍稀濒危植物的保护意识，将是我们这一代人的社会和历史责任。普通市民和学生缺乏系统的植物学知识，对一些专业性的书籍理解不透或者不够便携，使得应用普遍的园林植物并没有真正走入寻常百姓家，让人耳熟能详，因此，迫切需要一本常见园林植物识别方面的图谱类书籍来启蒙和引导大众。

　　本书作者主要是从事园林植物研究多年的青年骨干，熟悉园林植物的选择、应用和习性，又经过园林行业多年的实践，熟悉流行趋势及风尚。本书编写书例严谨、用图准确，经过专业人士的审定，精准度颇高。在这本书中，我看到了许多非常熟悉的植物，看到这些图片，倍感亲切，相信很多人看到这本书，都能在书内找到自己见过和熟悉的植物，从而引起共鸣。这本书的出版，可与《中国植物志》《中国高等植物》及各省地方植物志等配合使用，满足普通市民、学生、爱好者和园林工作者不同层次的需求。可作为园林设计、施工、监理和管理人员，植物爱好者的实用工具书，也可作为相关专业学生的参考用书。

受邀为序，希望这本书得到大众的认可和喜爱。

北京植物园园长　教授级高级工程师

基 本 知 识

植物一般由根、茎、叶、花、果和种子六部分组成，其中叶、花、果是植物的三个重要鉴别器官。为了方便读者识别和欣赏植物，这里先简要介绍一些叶、花、果的基本知识。

叶

叶的组成　叶一般由叶片、叶柄和托叶组成。

叶柄

叶片

托叶

（选自高信曾《植物学》）

叶形　是指叶片的形状。常见叶形如下：

椭圆形　卵形　心形　圆形

菱形　针形　披针形　匙形　三角形

（选自陆时万《植物学》）

叶缘　是指叶片边缘的形状。常见叶缘类型如下：

全缘　波状　皱状　圆齿状　圆缺　牙齿状　锯齿　重锯齿　细锯齿

（选自陆时万《植物学》）

叶序　是指叶片在茎枝上的排列方式。常见叶序类型如下：

互生　对生

轮生　簇生

（选自陆时万《植物学》）

复叶　一个叶柄上有两个或两个以上叶片的称复叶。常见复叶类型如下：

奇数羽状　偶数羽状　二回羽状

三回羽状　掌状复叶　三出复叶　单身复叶

（选自曹慧娟《植物学》）

1

花的组成 花一般由花柄、花托、花被（花萼、花冠）、雄蕊群和雌蕊群组成。

雌蕊 { 柱头、花柱、子房、花托
雄蕊 { 花药、花丝
花瓣
花萼
胚珠

（选自曹慧娟《植物学》）

花冠 是由一朵花中的若干枚花瓣组成。常见花冠类型如下：

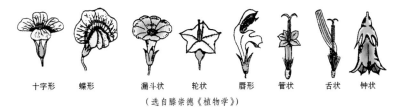

| 十字形 | 蝶形 | 漏斗状 | 轮状 | 唇形 | 管状 | 舌状 | 钟状 |

（选自滕崇德《植物学》）

花序

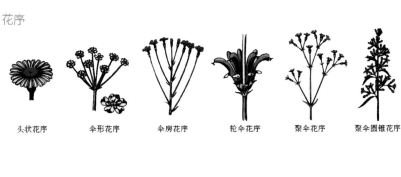

头状花序　伞形花序　伞房花序　轮伞花序　聚伞花序　聚伞圆锥花序

蝎尾状聚伞花序　柔荑花序　穗状花序　总状花序　圆锥花序　肉穗花序

花

2

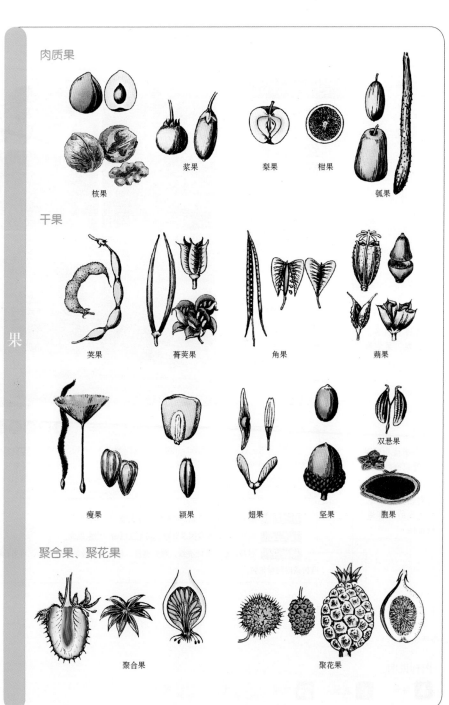

果

肉质果

核果　浆果　梨果　柑果　瓠果

干果

荚果　蓇葖果　角果　蒴果

瘦果　颖果　翅果　坚果　双悬果　胞果

聚合果、聚花果

聚合果　聚花果

本书使用说明

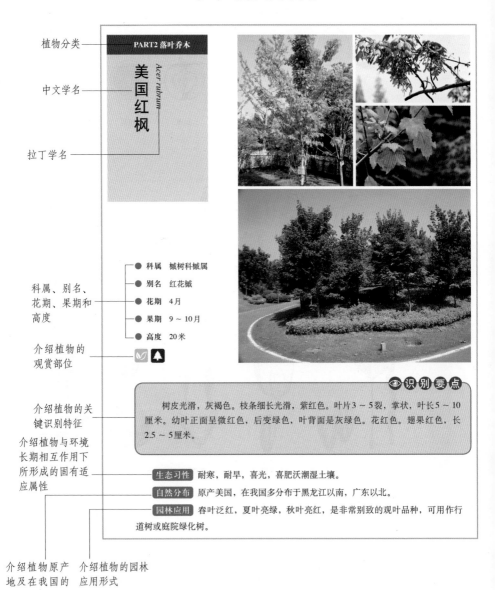

植物分类 —— **PART2 落叶乔木**

中文学名 —— **美国红枫**

拉丁学名 —— *Acer rubrum*

科属、别名、花期、果期和高度

- 科属　槭树科槭属
- 别名　红花槭
- 花期　4月
- 果期　9～10月
- 高度　20米

介绍植物的观赏部位

介绍植物的关键识别特征

介绍植物与环境长期相互作用下所形成的固有适应属性

◉识别要点

树皮光滑，灰褐色。枝条细长光滑，紫红色。叶片3～5裂，掌状，叶长5～10厘米。幼叶正面呈微红色，后变绿色，叶背面是灰绿色。花红色。翅果红色，长2.5～5厘米。

生态习性　耐寒，耐旱，喜光，喜肥沃潮湿土壤。

自然分布　原产美国，在我国多分布于黑龙江以南，广东以北。

园林应用　春叶泛红，夏叶亮绿，秋叶亮红，是非常别致的观叶品种，可用作行道树或庭院绿化树。

介绍植物原产地及在我国的分布情况

介绍植物的园林应用形式

图标说明：

 观形　 观枝　 观果　 观花　观叶

目 录
Contents

基本知识
本书使用说明

PART1
常绿乔木

PART2
落叶乔木

2

3

4

5

PART
1

常绿乔木

旅人蕉

Ravenala madagascariensis

- 科属　芭蕉科旅人蕉属
- 别名　芭蕉扇
- 花期　5～7月
- 高度　5～6米

◉ 识别要点

干直立，不分枝。叶成两纵列排于茎顶，呈窄扇状。叶片长椭圆形，长3～4米。叶柄长于叶片，蝎尾状聚伞花序腋生，有花数朵至10余朵，总苞船形。蒴果，未见。

生态习性　喜高温多湿气候，夜间温度不能低于8℃。要求疏松、肥沃且排水良好的土壤，忌低洼积涝。根系发达，生长快。

自然分布　原产马达加斯加，我国广东、海南、云南、台湾等地有栽培。

园林应用　暖热地区适作庭院栽培或作风景树，适合在公园、风景区栽植观赏。

侧柏

Platycladus orientalis

- **科属** 柏科侧柏属
- **别名** 黄柏、扁柏
- **花期** 3～4月
- **果期** 10月
- **高度** 20余米

◉识别要点

　　胸径可达1米，枝条向上伸展或斜展，幼树树冠卵状尖塔形，老树树冠为广圆形。生鳞叶的小枝细，向上直展或斜展，扁平，排成一平面。叶鳞形。球果近卵圆形。

生态习性 喜光树种，有一定的耐阴能力，耐寒、耐旱、耐瘠薄土壤。

自然分布 产内蒙古南部、吉林、辽宁、河北、山西、山东、江苏、浙江、福建、安徽、江西等地。

园林应用 多用作行道树，片植的情况较多，也有修剪作为绿篱来进行应用的。在园林中也可采用对植、孤植等形式进行应用。

杜松

Juniperus rigida

- ● **科属** 柏科刺柏属
- ● **别名** 刺松、山刺柏
- ● **花期** 5月
- ● **果期** 翌年10月
- ● **高度** 10米

👁识别要点

　　树冠塔形或圆锥形，老则圆头状。大枝直立，小枝下垂。叶刺形，3枚轮生，长1.2～1.7厘米，宽约1毫米，叶表有凹槽，槽内有1条白色气孔带，基部有关节，不下延生长。球花单性异株。球果近球形，被白粉，肉质浆果状。

　　生态习性 喜光，不耐阴，耐寒冷，耐干旱瘠薄，不耐水湿，喜冷凉气候。深根性，侧根发达，生长慢。对有害气体抗性较强。

　　自然分布 原产东北、华北，西至陕西、甘肃、宁夏。

　　园林应用 可作绿篱，群植于草坪边缘，丛植于草坪、公园，孤植于花坛中心，对植、列植于路旁等，还可作水土保持树种。

4

龙柏

Sabina chinensis 'Kaizuka'

🔵 **科属** 柏科圆柏属

🔵 **别名** 龙游柏、爬地龙柏

🔵 **花期** 3 ～ 4 月

🔵 **果期** 翌年 10 ～ 11 月

🔵 **高度** 15 米

👁 识别要点

　　树冠圆柱状或柱状塔形。枝条向上直展，常有扭转上升之势，小枝密。鳞叶排列紧密，幼嫩时淡黄绿色，后呈翠绿色。球果蓝色，微被白粉。

　　生态习性 幼树稍耐阴，成年树喜光。喜深厚肥沃土壤，耐盐碱，耐寒，喜温暖湿润气候。

　　自然分布 栽培种，华北地区广泛栽培。

　　园林应用 龙柏是园林中的常见观赏树种，应用形式也多种多样，有列植、对植、片植和孤植等多种形式。也有对其进行修剪，作为绿篱和造型植物来进行应用。

蜀桧

Juniperus komarovii

- 🔵 **科属** 柏科刺柏属
- 🔵 **别名** 塔枝圆柏、蜀柏木
- 🔵 **花期** 4月
- 🔵 **果期** 10月
- 🔵 **高度** 3～10米

👁 识别要点

　　树冠密，小枝圆或近方形。鳞形叶呈卵状三角形，蓝绿色。雌雄同株，雄球花卵圆形或圆球形。球果成熟前绿色，微被白粉，熟时黄褐色至紫蓝色，干时变成黑色，有光泽，卵圆形或近圆球形，直立。

生态习性 喜湿润气候，耐寒，耐旱，耐瘠薄。

自然分布 为我国特有树种，产四川岷江流域上游及大渡河上游，大、小金川及梭磨河流域海拔3 200～4 000米的高山地带。

园林应用 用作绿篱，可修剪成各种造型。也可应用于各种绿地。

秃杉

Taiwania fousiana

🔘 **科属** 柏科台湾杉属

🔘 **别名** 台湾杉、老鼠杉

🔘 **花期** 10 ~ 11月

🔘 **果期** 10 ~ 11月

🔘 **高度** 75米

👁 **识别要点**

　　树冠圆锥形。树皮淡褐灰色，裂成不规则的长条片，内皮红褐色。大树的叶四棱状钻形，排列紧密。雄球花2 ~ 7个簇生于小枝顶端。球果圆柱形或长椭圆形，长1.5 ~ 2.2厘米，径约1厘米，熟时褐色。

 喜光，稍耐阴，耐寒，耐旱，耐瘠薄，耐湿，对土壤要求不严，在肥沃湿润土壤中生长最为茂盛。萌蘖性、萌芽力强，耐修剪。

自然分布 产陕西、湖北、湖南、山东、江苏、浙江、江西、安徽、贵州、四川等地。

园林应用 常用作风景林。也可列植、丛植于绿地观赏。

7

圆柏

Juniperus chinensis

- **科属**　柏科圆柏属
- **别名**　刺柏、红柏
- **花期**　4月
- **果期**　翌年10～11月
- **高度**　20米

◉ 识 别 要 点

胸径达3.5米，树皮深灰色。叶二型，即刺叶及鳞叶。球果近圆球形，径6～8毫米，两年成熟，熟时暗褐色，被白粉或白粉脱落。

生态习性　喜光树种，喜温凉温暖气候及湿润土壤。

自然分布　产内蒙古乌拉山、河北、山西、山东、江苏、浙江、福建、安徽、江西、河南、广东、广西北部及云南等地。

园林应用　常用的利用形式是群植、片植、丛植和列植。也可造型呈各种形状。

秋枫

Bischofia javanica

● 科属　大戟科秋枫属

● 别名　万年青树、赤木

● 花期　4～5月

● 果期　8～10月

● 高度　40米

👁 识别要点

　　树干圆满通直，但分枝低，主干较短。树皮黄褐色，片状剥落。三出复叶，叶革质，叶基宽楔形或钝形。花小，雌雄异株，多朵组成腋生的圆锥花序。果实浆果状，圆球气形或近圆球形，径6～13毫米，淡褐色。

生态习性　喜阳，稍耐阴，喜温暖，对土壤要求不严，能耐水湿，抗风力强。

自然分布　常生于海拔800米以下山地潮湿沟谷林中，为热带和亚热带常绿季雨林中的主要树种。分布于黄河以南各地。

园林应用　宜作庭院树和行道树，为优良的园林风景树、绿化树和行道树。也可在草坪、湖畔、溪边、堤岸栽植。

紫锦木

Euphorbia cotinifolia

- 🌼 **科属**　大戟科大戟属
- 🌼 **别名**　非洲黑美人、俏黄芦
- 🌼 **花期**　全年，9～10月盛花期
- 🌼 **高度**　13～15米

👁 **识别要点**

　　树皮灰白色，分枝多。叶3枚轮生，圆卵形，长2～6厘米，宽2～4厘米，边缘全缘，两面红色。花序生于二歧分枝的顶端，总苞阔钟状，淡黄色。果未见。

生态习性　喜阳光充足、温暖、湿润的环境，要求土壤疏松、肥沃、排水良好。

自然分布　原产热带美洲，我国福建、台湾近年有栽培，近年北京温室也开始栽培。

园林应用　可在园林、庭院、公路、风景区的草坪、水塘边作庭荫树或行道树，适合单独种植或并列种植观赏。

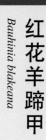

红花羊蹄甲

Bauhinia blakeana

🌸 **科属** 豆科羊蹄甲属

🌸 **别名** 红花紫荆、紫荆

🌸 **花期** 全年，3～4月
　　　盛花期

🌸 **高度** 6～10米

👁️ **识别要点**

　　叶革质，近圆形或阔心形，顶端二裂，状如羊蹄，裂片约为全长的1/3，裂片端圆钝。总状花序或有时分枝而呈圆锥花序状，红色或红紫色，花大如掌，10～12厘米，花瓣5瓣，形如兰花状；有近似兰花的清香。通常不结果。

生态习性 热带树种，喜欢高温、潮湿、多雨的气候，有一定耐寒能力，我国北回归线以南的广大地区均可以越冬。适应肥沃、湿润的酸性土壤。

自然分布 原产地不详。广东、广西、云南、福建等地有栽培。

园林应用 华南地区园林主要观花树种之一，宜作为园景树、庭荫树或行道树。

台湾相思

Acacia confusa

- 🔘 **科属** 豆科金合欢属
- 🔘 **别名** 相思树、台湾柳
- 🔘 **花期** 5～6月
- 🔘 **果期** 7～8月
- 🔘 **高度** 6～15米

识别要点

　　苗期第一片真叶为羽状复叶，长大后小叶退化，叶柄变为叶状柄，叶状柄革质，披针形。头状花序球形，金黄色，有微香；花萼长约为花冠之半；花瓣淡绿色，长约2毫米。荚果扁平。

　　生态习性 阳性树种，喜温暖湿润气候，较耐干燥和贫瘠，对土壤要求不严格。根深材韧，抗风力强。具根瘤，能固定大气中的游离氮，可改良土壤。

　　自然分布 分布于台湾、福建、广东、广西、云南等地。

　　园林应用 适合作荒山绿化的先锋树、防风林带、水土保持及防火林带用，在华南亦常作公路两旁的行道树，颇具特色。

铁刀木

Cassia siamea

- **科属** 豆科决明属
- **别名** 黑心树
- **花期** 7～12月
- **果期** 1～4月
- **高度** 20米

👁 识别要点

偶数羽状复叶，小叶6～11对，长3.5～7厘米，宽1.5～2厘米。总状花序生于枝条顶端的叶腋，并排成伞房花序状。两性花，径约2.5厘米，花瓣5枚，萼5深裂。荚果扁平，边缘加厚，被柔毛，熟时带紫褐色。

生态习性 喜光，忌霜冻，忌积水，生长快，萌芽力极强。

自然分布 原产印度南部及东南亚各地，在我国分布于福建、台湾南部、广东、广西南部及云南南部等地。

园林应用 病虫害少，适应性强，属低维护优良树，可用作园林、行道树及防护林树种，依地形可采取单植、列植、群植栽培。

13

南方红豆杉

Taxus wallichiana var. mairei

- **科属** 红豆杉科红豆杉属
- **别名** 美丽红豆杉、杉公子
- **花期** 5～6月
- **果期** 9～10月
- **高度** 30米

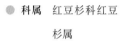 **识别要点**

　　树冠宽卵形或倒卵形。树皮红褐色，片状剥落。小枝不规则互生。叶条形，微弯，背面有2条浅黄色气孔带，螺旋状互生，基部扭转成羽状2列。球花单性异株。种子坚果状，褐色，生于杯状红色肉质假种皮内，种子顶端外露。

生态习性 耐阴，喜温暖湿润气候，喜深厚、肥沃、排水良好的富含腐殖质的酸性土壤。生长慢，寿命长。

自然分布 我国特有树种，产于甘肃、陕西、四川、云南、贵州、湖北、湖南、广西和安徽等地，常生于海拔1 000～1 200米以上的高山上部。

园林应用 可孤植、列植、群植于庭院、公园、草坪，也可作绿篱，或与其他树种组成观赏树群。

14

蚊母树

Distylium racemosum

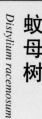

● **科属** 金缕梅科蚊母树属

● **别名** 米心树、蚊子树

● **花期** 4月

● **果期** 9月

● **高度** 25米

识别要点

　　栽培时常呈灌木状。树冠开展，呈球形。小枝略呈"之"字形曲折，嫩枝端具星状鳞毛；总状花序长约2厘米，花药红色。蒴果卵形，长约1厘米，密生星状毛，顶端有2宿存花柱。

生态习性 喜光，稍耐阴。喜温暖湿润气候，耐寒性不强。对土壤要求不严。萌芽、发枝力强，耐修剪。

自然分布 原产我国广东、福建、浙江、台湾等地，多生于海拔100～300米的丘陵地带。

园林应用 宜成丛、成片栽植以分隔空间或作为其他花木的背景，也可修剪成球形。

15

罗汉松

Podocarpus macrophyllus

 科属　罗汉松科罗汉松属

 别名　罗汉杉、土杉

 花期　4～5月

 果期　8～9月

 高度　20米

 **识别要点**

　　树冠广卵形。树皮灰褐色至暗灰色，浅纵裂，片状脱落。枝叶稠密，叶条状披针形，螺旋状互生，两面中肋明显隆起，表面浓绿色，背面黄绿色。雄球花穗状，常3～5簇生叶腋，雌球花单生，有梗。

生态习性　喜温暖、湿润气候，耐寒性弱，耐阴性强，喜排水良好、湿润的沙质壤土，对多种污染气体抗性强，抗病虫害能力强。耐修剪，寿命长。

自然分布　分布于江苏、安徽、浙江、江西、广东、广西、四川、贵州等地。

园林应用　宜孤植作庭荫，或对植、散植于厅、堂之前。特别适合于海岸边及工厂绿化等。据报道，鹿不食其叶，故又可作动物园兽舍绿化用。

Nageia nagi

竹柏

- 科属　罗汉松科罗汉松属
- 别名　椰树、罗汉柴
- 花期　3 ~ 4月
- 果期　9 ~ 10月
- 高度　20米

◉识别要点

　　树冠广圆锥形，枝条开展或伸展。树皮近于平滑，红褐色或暗紫红色，成小块薄片脱落。叶对生，革质，长卵形、卵状披针形或披针状椭圆形。雄球花穗状圆柱形，单生叶腋，常呈分枝状，雌球花单生叶腋，稀成对腋生。种子圆球形，径1.2 ~ 1.5厘米，成熟时假种皮暗紫色，有白粉。

生态习性 喜阴，喜温暖湿润气候，喜疏松肥沃的酸性土壤，不耐贫瘠。

自然分布 产我国东南部及广西、广东、四川等地。

园林应用 适合列植于建筑物北面行道树，也可在公园绿地的暖处与其他针、阔叶树种混交种植。南方地区良好的庭荫树，也宜盆栽观赏。

17

荷花玉兰

Magnolia grandiflora

- 科属　木兰科木兰属
- 别名　大花玉兰、广玉兰
- 花期　5～6月
- 果期　9～10月
- 高度　15～20米

识别要点

　　树冠阔圆锥形，芽及小枝有锈色柔毛。叶倒卵状长椭圆形，长10～20厘米，宽4～7厘米，革质，叶背有铁锈色短柔毛，有时灰色。花白色，极大，直径15～20厘米，有芳香。聚合果圆柱状卵形，密被锈色毛，种子红色。

　　生态习性　喜光，也耐阴，较耐寒。在深厚、肥沃、湿润的土壤中生长良好，抗污染能力强。

　　自然分布　原产北美洲东南部，我国长江流域以南各城市有栽培。

　　园林应用　大型植株可孤植草坪中，或列植于通道两旁；中小型者，可群植于花台上。由于其树冠庞大，故在配置上不宜植于狭小的庭院内，否则不能充分发挥其观赏效果。

木麻黄

Casuarina equisetifolia

- **科属**　木麻黄科木麻黄属
- **别名**　短枝木麻黄、驳骨树
- **花期**　4～5月
- **果期**　7～10月
- **高度**　30米

👁️ 识别要点

　　树干通直。树冠狭长圆锥形。幼树的树皮赭红色，较薄，皮孔密集排列为条状或块状；老树的树皮粗糙，深褐色，不规则纵裂，内皮深红色。鳞片状叶每轮通常7枚，披针形或三角形，长1～3毫米，紧贴。球果状果序，小坚果。

　　生态习性　喜光，喜温暖，耐盐碱，耐干旱贫瘠土壤。抗风力强，但30～50年即衰老。

　　自然分布　原产澳大利亚和太平洋岛屿。在我国广西、广东、福建、台湾沿海地区普遍栽植。

　　园林应用　是我国南方滨海地区绿化和营造防风固沙林的优良树种。可作行道树、绿篱及园林生产相结合的树种，也可作为海滨防护林或轻盐碱地造林树种。

桂花

Osmanthus fragrans

- **科属** 木樨科木樨属
- **别名** 木樨
- **花期** 9～10月
- **果期** 翌年3月
- **高度** 3～5米

 **识别要点**

　　树皮灰褐色。小枝黄褐色，无毛。叶片革质，椭圆形、长椭圆形或椭圆状披针形。聚伞花序簇生于叶腋，或近于帚状，每腋内有花多朵，花冠黄白色、淡黄色、黄色或橘红色。紫黑色核果，长1～1.5厘米。

生态习性 喜温暖，喜阳光，抗逆性强，耐高温，较耐寒。

自然分布 原产我国西南部，现各地广泛栽培。

园林应用 庭前对植两株，即"两桂当庭"，是传统的配植手法。园林中常将桂花植于道路两侧、假山、草坪、院落等。也可大面积栽植，形成桂花山、桂花岭，淮河以北地区、常用盆栽布置会场、大门。

女贞

Ligustrum lucidum

- **科属** 木樨科女贞属
- **别名** 蜡树、将军树、
  白蜡
- **花期** 5～7月
- **果期** 7月至翌年5月
- **高度** 25米

👁 识别要点

叶片革质，卵形、长卵形或椭圆形至宽椭圆形。圆锥花序顶生，黄白色。果肾形或近肾形，熟时呈红黑色。

生态习性 阳性树种，幼树略耐阴，喜温暖湿润气候，较耐寒，喜肥沃、排水良好的土壤。

自然分布 产长江以南至华南、西南各地，向西北分布至陕西、甘肃。生海拔2900米以下疏、密林中。

园林应用 可作为行道树进行栽培，也可应用于街头绿地、小区和公园等处，采用对植、列植和群植的配置方式。

人面子

Dracontomelon duperreanum

- 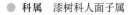科属　漆树科人面子属
- 别名　人面树、银莲果
- 花期　5～6月
- 果期　7～8月
- 高度　20余米

识别要点

幼枝具条纹，被灰色茸毛。奇数羽状复叶长30～45厘米，小叶互生，5～7对，近革质，长圆形，自下而上逐渐增大。圆锥花序顶生或腋生，比叶短。花白色，花瓣披针形或狭长圆形。核果扁球形。成熟时黄色，果核压扁。

生态习性 对土壤的要求不严，寿命长，抗性强，病虫害少。

自然分布 分布于云南、广西、广东等地，生于海拔93～350米林中。

园林应用 孤植于庭院中可以四面观赏，甚为壮观。庭院绿化的优良树种，也适合作行道树。

红叶石楠

Photinia × fraseri

- 科属　蔷薇科石楠属
- 别名　费氏石楠、红芽石楠
- 花期　4月
- 果期　9～10月
- 高度　3～5米

识别要点

　　树冠为圆球形。幼枝上刚开始有短茸毛，枝条初为棕色，后转为褐灰色，无毛。叶互生，革质，长椭圆至侧卵状椭圆形，有锯齿，春季和秋季新叶亮红色。花朵多且密，白色，直径约7毫米。梨果球形，褐紫色或者黄红色。

生态习性　幼树较耐阴，成年树喜光。喜深厚肥沃土壤，不耐盐碱，耐寒，不耐高温。

自然分布　杂交种，在我国分布广泛。

园林应用　在景区或主要公路作为行道树来进行栽培，春季如一条火炬长龙。有作为绿篱和色块来进行应用的，是春季和秋季最主要的观叶树种。还可以修剪呈球形，在各类园林中进行配置。

23

石楠

Photinia serratifolia

- 科属　蔷薇科石楠属
- 别名　凿木、千年红
- 花期　4～5月
- 果期　10月
- 高度　4～6米

识别要点

　　叶片革质，长椭圆形、长倒卵形或倒卵状椭圆形，上面光亮。复伞房花序顶生，直径10～16厘米；花瓣白色，近圆形。

生态习性　喜温暖湿润的气候，抗寒力不强，幼树较耐阴，成年树喜光。对土壤要求不严，以肥沃湿润的沙质土壤最为适合。

自然分布　产陕西、甘肃、河南、江苏、安徽、浙江、江西、湖南、湖北、福建、台湾、广东、广西、四川等地。生于杂木林中，海拔1 000～2 500米。

园林应用　可作为庭荫树和绿篱栽植。也可修剪成各种不同造型在园林中进行配置应用。在园林中孤植、列植和片植俱佳。

24

三尖杉

Cephalotaxus fortunei

- **科属** 三尖杉科三尖杉属
- **别名** 藏杉、狗尾松
- **花期** 4月
- **果期** 8～10月
- **高度** 20米

识别要点

　　树冠广圆形。树皮褐色或红褐色，裂成片状脱落。枝条较细长，稍下垂。叶排成两列，披针状条形，通常微弯。雄球花8～10，聚生成头状；雌球花由数对交叉对生。种子椭圆状卵形，假种皮成熟时紫色或红紫色，先端有小尖头。

生态习性 阳性树种，宜在湿润、肥沃、排水良好的沙壤土生长。

自然分布 我国特有树种，分布于浙江、安徽南部、福建、江西、湖南、湖北、河南南部、陕西南部、甘肃南部、四川、云南、贵州、广西及广东等地。

园林应用 理想的庭院观赏、绿化树种。适于园林中的湖畔、路旁、坡地栽植观赏。

波罗蜜

Artocarpus heterophyllus

- 科属　桑科波罗蜜属
- 别名　木波罗、牛肚子果
- 花期　2～3月
- 果期　6～8月
- 高度　10～20米

 识别要点

老树常有板状根。树皮厚，黑褐色。叶革质，螺旋状排列，椭圆形或倒卵形。花雌雄同株，雄花序圆柱形或棒状椭圆形。聚花果椭圆形至球形，或不规则形状，幼时浅黄色，成熟时黄褐色，表面有坚硬六角形瘤状凸体和粗毛。

生态习性　畏寒，适于在无霜冻的地区生长。对土壤要求不严格，但以土层深厚、排水良好的微酸性土壤为宜。喜光照充足，通风条件好的环境。

自然分布　原产印度、马来西亚，在我国福建南部、台湾、广东、广西及云南均有栽培。

园林应用　具有抵抗二氧化硫、净化空气、美化环境的能力，在华南地区可作为庭荫树或行道树。

北美红杉

Sequoia sempervirens

- 🌿 **科属** 杉科北美红杉属
- 🌿 **别名** 长叶世界爷、红杉
- 🌿 **花期** 11月至翌年3月
- 🌿 **果期** 9月至翌年1月
- 🌿 **高度** 原产地高达110米，我国高可达70米。

👁 识别要点

　　树冠圆锥形。树皮红褐色，纵裂，厚达15～25厘米。枝条水平开展。主枝的叶矩圆形，侧枝的叶条形。雄球花卵形，长1.5～2毫米。球果卵状椭圆形或卵圆形，长2～2.5厘米，径1.2～1.5厘米，淡红褐色。

生态习性 喜温暖湿润和阳光充足的环境，不耐寒，耐半阴，不耐干旱，耐水湿，以土层深厚、肥沃、排水良好的壤土为宜。

自然分布 原产美国加利福尼亚州海岸。我国上海、南京、杭州、昆明等地引种栽培。

园林应用 可在湖畔、水边、草坪中孤植或群植，景观秀丽，也可沿园路两边列植。

柳杉

Cryptomeria fortunei

- 科属　杉科柳杉属
- 别名　长叶孔雀松
- 花期　4月
- 果期　10～11月
- 高度　40米

 识别要点

　　树冠圆锥形。树皮赤棕色，纤维状裂成长条片剥落。大枝斜展或平展，小枝常下垂，绿色。叶长达1.0～1.5厘米，幼树及萌芽枝的叶长达2.4厘米，钻形，微向内曲，先端内曲，四面有气孔线。雄球花黄色，雌球花淡绿色。

　　生态习性　喜空气湿度较高，怕夏季酷热或干旱。略耐阴，也略耐寒。喜生长于深厚肥沃的沙质土壤。喜排水良好。枝条柔韧，能抗雪压及冰挂。

　　自然分布　为我国特有树种，浙江、江苏、四川、贵州、广东、广西等地有栽培。

　　园林应用　通常丛植于草坪、林边、谷地、溪旁，以供遮阴及防风之用，也可列植于园路两旁或孤植于花坛、前庭作中心树。在日本常列植作为树篱，风格独具。

28

巴山冷杉

Abies fargesii

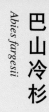

● 科属　松科冷杉属

● 别名　霸王鞭

● 花期　4～5月

● 果期　9～10月

● 高度　40米

👁 识别要点

　　树皮粗糙，暗灰色或暗灰褐色，块状开裂。1年生枝红褐色或微带紫色，无毛。叶在枝条下面列成两列，上面的叶斜展或直立，条形。球果柱状矩圆形或圆柱形，长5～8厘米，径3～4厘米，成熟时淡紫色、紫黑色或红褐色。

生态习性 喜温凉湿润气候，喜酸性棕色森林土或山地棕色森林土；耐阴性强，生长慢。

自然分布 产河南西部、湖北西部及西北部、四川东北部、陕西南部、甘肃南部及东南部。

园林应用 绿化观赏树种。可丛植、片植观赏。

白皮松

Pinus bungeana

- 🔵 **科属** 松科松属
- 🔵 **别名** 白骨松、三针松、白果松
- 🔵 **花期** 4～5月
- 🔵 **果期** 翌年10～11月
- 🔵 **高度** 30米

👁 识别要点

枝较细长，斜展，形成宽塔形至伞形树冠；幼树树皮光滑，老树皮白褐相间。针叶3针一束。球果。

生态习性 幼树稍耐阴，成年树极喜光。耐干旱瘠薄，较耐寒，也耐一定高温。

自然分布 为我国特有树种，产山西、河南西部、陕西秦岭、甘肃南部及天水麦积山、四川北部江油观雾山及湖北西部等地，生于海拔500～1800米地带。

园林应用 以孤植和群植为主，多干型可以孤植于庭院草坪中，庭院角隅，池畔，或者配合假山进行配置。单干型在北方可作为行道树来进行应用。在园林绿地中也可丛植，赏其斑驳树干和遒劲树姿。

白杆

Picea meyeri

- **科属** 松科云杉属
- **别名** 红杆、白儿松
- **花期** 4～5月
- **果期** 9～10月
- **高度** 30米

 **识别要点**

　　树冠圆锥形。树皮灰色，鳞片状剥落。大枝轮生，近平展，小枝有叶枕，一年生枝淡黄褐色，芽鳞反曲或开展。叶四棱形，螺旋状着生，微弯曲，四面白色气孔带明显，故呈灰绿色。球花单性同株。球果圆柱形下垂，初紫色，熟时黄褐色。

生态习性 耐阴，耐寒冷，喜冷湿气候及湿润、肥沃的中性或微酸性土壤。浅根性，生长较慢，不耐移植。

自然分布 我国特有树种，分布于山西、河北、陕西、内蒙古等地。

园林应用 可孤植于花坛中心，丛植于草地，对植于大门两侧，列植于绿化带，群植于公园绿地。

31

黑松

Pinus thunbergii

- 科属　松科松属
- 花期　4～5月
- 果期　翌年10月
- 高度　30米

👁 识别要点

　　树冠宽圆锥状或伞形。枝条开展。针叶2针一束，深绿色，有光泽，粗硬，边缘有细锯齿。雌球花单生或2～3个聚生于新枝近顶端，直立。球果圆锥状卵圆形或卵圆形，长4～6厘米，径3～4厘米。

　　生态习性　喜光，耐寒，耐旱，耐瘠薄。

　　自然分布　原产日本及朝鲜南部海岸地区，在我国山东、江苏、浙江、安徽等地有栽培。

　　园林应用　著名的海岸绿化树种，可用作风景林、行道树或庭荫树，在纪念性园林中应用也较为普遍。

32

红松

Pinus koraiensis

- 科属 松科松属
- 花期 5～6月
- 果期 翌年5月
- 高度 50米
- 别名 韩松、红果松

👁 识别要点

　　树冠卵状圆锥形。树皮赤褐色，呈不规则长方形裂片，内皮赤褐色。1年生小枝密被黄褐色或红褐色柔毛；针叶5针1束。球果圆锥状长卵形，长9～14厘米，熟时黄褐色。种子大，倒卵形，无翅。

生态习性 喜光性强，对土壤水分要求较高，不宜过干、过湿的土壤及严寒气候。在温寒多雨，相对湿度较高的气候与深厚肥沃、排水良好的酸性棕色森林土上生长最好。

自然分布 产我国东北长白山区、吉林山区及小兴安岭以南海拔150～1 800米、气候温寒、湿润、棕色森林土地带。

园林应用 宜作北方森林风景区材料，或配植于庭院中。

华山松

Pinus armandii

- 科属　松科松属
- 别名　白松、五叶松
- 花期　4 ~ 5月
- 果期　翌年 9 ~ 10月
- 高度　35米

👁️ 识别要点

　　圆锥形或柱状塔形树冠。枝条平展。针叶5针一束，稀6 ~ 7针一束，边缘具细锯齿。雄球花黄色，卵状圆柱形。球果圆锥状长卵圆形。

生态习性　喜温凉气候，不耐炎热，稍耐干旱瘠薄。

自然分布　产山西南部中条山、河南西南部及嵩山、陕西南部秦岭、甘肃南部、四川、湖北西部、贵州中部及西北部、云南及西藏雅鲁藏布江下游海拔1 000 ~ 3 300米地带。

园林应用　多用于郊野公园绿化。

马尾松

Pinus massoniana

- 🔘 **科属** 松科松属
- 🔘 **别名** 青松、山松
- 🔘 **花期** 4月
- 🔘 **果期** 翌年10～12月
- 🔘 **高度** 45米

👁 **识别要点**

　　树冠在壮年期呈狭圆锥形，老年期则开张如伞状。干皮红褐色，呈不规则裂片。一年生小枝淡黄褐色，轮生。球果，有短柄，成熟时栗褐色，脱落而不宿存树上。

生态习性  深根性树种喜光，不耐阴，喜温暖湿润气候，耐寒性差，对土壤要求不严。

自然分布 分布于我国长江流域至南部各地。

园林应用 江南及华南自然风景区和普遍绿化及造林的重要树种。适合山涧、谷中、岩际、池畔、道旁配置和山地造林，也适合在庭前、亭旁、假山之间孤植。

青杆

Picea wilsonii Mast.

- 科属　松科云杉属
- 别名　魏氏云杉、细叶
　　　　云杉
- 花期　4 ~ 5月
- 果期　9 ~ 10月
- 高度　50米

识别要点

　　树冠圆锥形。树皮灰褐色或暗灰色，小块状裂片，不脱落。大枝轮生，近平展，小枝有叶枕。叶四棱形，螺旋状着生，较短细，青绿色。球果卵状圆柱形或圆柱状长卵形下垂。种子具翅。

生态习性　喜凉爽、湿润气候，耐阴，耐寒冷，喜深厚、湿润，排水良好的中性、微酸性的土壤。浅根性，生长较慢，不耐移植。

自然分布　我国特有树种，分布于河北、甘肃、陕西、湖北、青海、四川等地。

园林应用　可孤植于花坛中心，孤植、丛植于草坪，对植于大门两侧，列植于绿化带，群植于公园绿地。

雪松

Cedrus deodara

🟢 **科属** 松科雪松属

🟢 **别名** 宝塔松、香柏、
　　　喜马拉雅松

🟢 **花期** 10 ～ 11月

🟢 **果期** 翌年9 ～ 10月

🟢 **高度** 45米

👁 **识别要点**

　　树干端直，树冠圆锥状。下部侧枝平展，近轮生；小枝柔软略下垂，叶在长枝上辐射伸展，短枝之叶成簇生状（每年生出新叶15 ～ 20枚），针形，坚硬，淡绿色或深绿色。江苏栽培，偶见花果。

 幼树较耐阴，成年树喜光。喜深厚肥沃土壤，不耐盐碱，较耐寒，亦耐高温。不耐烟尘，对二氧化硫、氟化氢很敏感，可作大气监测树种。

自然分布 在我国广泛栽培。

园林应用 在20世纪90年代以来，在各类快速通道及街头绿地中，大量应用雪松作为行道树来进行种植，能够表现出雪松的高大雄伟、整齐划一的庄严大气之美。雪松在绿地景观种也可利用对植、孤植和群植的配置方式来进行应用。

油松

Pinus tabuliformis

- **科属** 松科松属
- **别名** 短叶松、红皮松
- **花期** 4～5月
- **果期** 翌年10月
- **高度** 25米

识别要点

　　树皮灰褐色或褐灰色；枝平展或向下斜展，老树树冠平顶。针叶2针一束，深绿色，粗硬。雄球花圆柱形，长1.2～1.8厘米，在新枝下部聚生成穗状。球果卵形或圆卵形，长4～9厘米，有短梗，向下弯垂。

　　生态习性 喜光，深根性树种，喜干冷气候，在土层深厚、排水良好的酸性、中性或钙质黄土上均能生长良好。

　　自然分布 产吉林南部、辽宁、河北、河南、山东、山西、内蒙古、陕西、甘肃、宁夏、青海及四川等地，生于海拔100～2600米地带，多组成单纯林。

　　园林应用 多应用于各类庭院、绿地和道路绿化。

云杉
Picea asperata

- 科属　松科云杉属
- 别名　白松、刺杉
- 花期　4～5月
- 果期　9～10月
- 高度　30米

　　树干端直，树皮呈鳞片状，树冠紧凑，呈圆锥状。下部侧枝略平展，通常小枝被白粉。叶片蓝绿色，针状四棱形，螺旋状着生。

生态习性　幼树较耐阴，成年树喜光。喜深厚肥沃土壤，不耐盐碱，耐寒，不耐高温。

自然分布　为我国特有树种，产陕西西南部、甘肃东部及白龙江流域、洮河流域、四川岷江流域上游及大小金川流域，海拔2 400～3 600米地带。

园林应用　云杉枝叶密集，呈蓝绿色，在园林配置中可用于调色。在绿地景观种作为配景树来进行应用，主要应用于街头绿地、小游园和公园等处，采用孤植和群植的配置方式。

樟子松

Pinus sylvestris var. mongolica

- 科属　松科松属
- 别名　海拉尔松
- 花期　5～6月
- 果期　翌年9～10月
- 高度　25米

 识别要点

　　幼树树冠尖塔形，老则呈圆顶或平顶，树冠稀疏。树皮厚。针叶2针一束，硬直，常扭曲，长4～9厘米。雄球花圆柱状卵圆形，长5～10毫米，聚生新枝下部，长3～6厘米；雌球花有短梗，淡紫褐色，当年生小球果长约1厘米，下垂。球果卵圆形或长卵圆形。

生态习性　喜光，耐寒，耐瘠薄，忌重盐碱地及重黏土。

自然分布　产黑龙江大兴安岭海拔400～900米山地及海拉尔以西、以南一带沙丘地区。

园林应用　可做道路绿化和公园绿化树种。

红千层

Callistemon rigidus

● **科属** 桃金娘科红千层属

● **别名** 红刷子树、金宝树

● **花期** 6～8月

● **果期** 9～11月

● **高度** 1～2米

 **识别要点**

　　树皮坚硬，灰褐色。嫩枝有棱，初时有长丝毛，不久变无毛。叶片坚革质，线形，长5～9厘米，宽3～6毫米，油腺点明显。穗状花序生于枝顶，花瓣绿色，卵形，长6毫米，有油腺点，雄蕊长2.5厘米，鲜红色。蒴果半球形。

生态习性 喜温暖湿润气候，耐烈日酷暑，不耐寒，要求酸性土壤。

自然分布 原产大洋洲，在我国广东、广西、福建、台湾、云南、海南有栽培。

园林应用 高级庭院美化观花树、行道树、园林树、风景树，也可作防风林、绿化林，或盆栽修剪成型后制成高档盆景。

蒲桃

Syzygium jambos

- **科属** 桃金娘科蒲桃属
- **别名** 水葡萄、屈头鸡
- **花期** 4～5月
- **果期** 7～8月
- **高度** 10米

👁 识别要点

树冠球形。树皮灰黑色，光滑。叶对生，革质，长椭圆状披针形，具透明腺点，全缘，侧脉至叶缘处汇合。聚伞花序顶生，花数朵，绿白色，径4～5厘米。浆果核果状，球形或卵形，径3~5厘米，成熟时黄色，有油腺点。

生态习性 喜生河边及河谷湿地。抗风，抗二氧化硫及氟、氯等有害气体。

自然分布 原产印度、马来群岛及我国的海南岛，在我国分布于台湾、海南、广东、广西、福建、云南和贵州等地。

园林应用 宜作庭荫树及湖边、溪边的风景绿化树，也可作故堤、防风树用。

阴香

Cinnamomum burmannii

- **科属** 樟科樟属
- **别名** 桂树、山肉桂
- **花期** 9 ~ 12月
- **果期** 1 ~ 4月
- **高度** 14米

👁 识别要点

　　树皮光滑，灰褐色至黑褐色，内皮红色，味似肉桂。枝条纤细，绿色或褐绿色，具纵向细条纹，无毛。叶互生或近对生，卵圆形、长圆形至披针形，革质。圆锥花序腋生或近顶生，少花，疏散，密被灰白微柔毛，花绿白色。果卵球形，径约5毫米。

　　生态习性 喜阳光，喜暖热湿润气候及肥沃湿润土壤。对氯气和二氧化硫均有较强的抗性，为理想的防污绿化树种。

　　自然分布 产广东、广西、云南及福建。生于疏林、密林或灌丛中，或溪边路旁等处，海拔100 ~ 1 400米。我国南方多地有栽培。

　　园林应用 是一种优良的行道树、庭荫树，也是多树种混交伴生的理想树种，可群植造风景林。

43

月桂

Laurus nobilis

- 🔘 **科属** 樟科月桂属
- 🔘 **别名** 台湾杉、老鼠杉
- 🔘 **花期** 3～5月
- 🔘 **果期** 6～9月
- 🔘 **高度** 12米

👁 识别要点

　　树皮黑褐色。小枝圆柱形，具纵向细条纹，幼嫩部分略被微柔毛或近无毛。叶互生，长圆形或长圆状披针形，边缘细波状，革质，上面暗绿色，下面稍淡，两面无毛，羽状脉，中脉及侧脉两面凸起。花雌雄异株。伞形花序腋生，呈球形，花黄色。浆果卵珠形，熟时暗紫色。

生态习性 喜光，稍耐阴。喜温暖，也耐寒。耐干旱，忌水涝。性强健，萌芽力强，喜土层深厚、肥沃湿润而排水良好的土壤，不耐盐碱。

自然分布 原产地中海一带，我国浙江、江苏、福建、台湾、四川及云南等地有引种栽培。

园林应用 可孤植、群植、行列种植于庭院旁等处。

44

- 科属　棕榈科二枝棕属
- 别名　狐狸椰子、二枝棕
- 花期　10～12月
- 果期　2～6月
- 高度　15～20米

👁️ 识别要点

　　高大通直，茎干单生，茎部光滑，有叶痕，略似酒瓶状。二回羽状复叶，可达3米以上，羽片披针形，排列紧闭轮生于叶轴上，狐尾状。花单性，常3朵一组，中央为雌花，两侧为雄花。果卵形，成熟时橙红色。

　　生态习性　喜温暖湿润、光照充足的生长环境，耐寒，耐旱，抗风。

　　自然分布　原产澳大利亚昆士兰州。现在我国广东、广西、海南、云南、台湾和福建有种植，北京、上海等地的植物园温室内栽培。

　　园林应用　适列植于池旁、路边、楼前楼后，也可群植于庭院之中或草坪一隅，观赏效果极佳。

蒲葵

Livistona chinensis

- 🌸 **科属** 棕榈科蒲葵属
- 🌸 **别名** 扇叶葵、葵树
- 🌸 **花期** 4月
- 🌸 **果期** 4月
- 🌸 **高度** 5 ~ 20米

👁 识别要点

　　基部常膨大。叶阔肾状扇形，直径达1米余，掌状深裂至中部，裂片线状披针形。花序呈圆锥状，粗壮，长约1米，总梗上有6 ~ 7个佛焰苞。果实椭圆形，如橄榄状，长1.8 ~ 2.2厘米，直径1 ~ 1.2厘米，黑褐色。

生态习性 喜高温多湿气候，不耐寒，气温长时间在5℃以下会受冻害。虽喜阳，但不能忍耐北方春、夏的烈日暴晒。喜肥沃和富含腐殖质的黏壤土。

自然分布 原产中国南部，广东、广西、福建、台湾等地均有栽培。

园林应用 热带、亚热带地区重要绿化树种，也适合庭院观赏。

王棕

Roystonea regia

- ● **科属** 棕榈科王棕属
- ● **别名** 酒瓶椰子、大王椰子
- ● **花期** 4～6月
- ● **果期** 7～8月
- ● **高度** 10～30米

◉识别要点

　　树干挺直，茎幼时基部膨大，老时近中部不规则地膨大，向上部渐狭。叶羽状全裂，弓形并常下垂，长4～5米。茎灰白色有环状叶痕。叶大型，聚生茎顶，长4～8米，羽状全裂。花序长达1.5米，多分枝。核果，球形。

生态习性 喜高温多雨、阳光充足的热带气候，生长适温28～32℃。喜疏松肥沃、排水良好的土壤。

自然分布 原产美洲热带地区，我国华南、西南、东南地区均有引种，半驯化。

园林应用 常用作行道树和庭院绿化树种。

47

椰子

Cocos nucifera

- **科属**　棕榈科椰子属
- **别名**　可可椰子
- **花期**　9 ～ 11 月
- **果期**　9 ～ 11 月
- **高度**　15 ～ 30 米

👁 识别要点

　　叶羽状全裂，长 3 ～ 4 米，裂片条状披针形，基部明显向外折叠；肉穗花序腋生，长 1.5 ～ 2 米，多分枝，雄花在分枝上部，雌花散生于下部；坚果近球形，种子有胚乳，内有一空腔，富含汁液。

生态习性　抗风能力强，在高温、湿润、阳光充足的海边生长发育良好，不耐干旱，喜海滨和河岸的深厚冲积土。

自然分布　产我国广东南部诸岛及雷州半岛、海南、台湾及云南南部热带地区。

园林应用　被许多热带城市作为行道树、庭荫树、园景树广泛采用，特别是在海边、湖畔临水群植及在草坪、土丘上丛植效果尤佳。

鱼尾葵

Caryota ochlandra

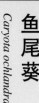

● 科属　棕榈科鱼尾葵属

● 别名　假桃榔

● 花期　5～7月

● 果期　8～11月

● 高度　20米

 识别要点

　　叶二回羽状全裂，顶端一裂片扇形，有不规则缺齿，侧面的菱形呈鱼尾状，长15～30厘米。佛焰花序长达3米，常有多数悬垂的分枝；花3朵集生，中间的一朵为雌花；雄花黄色，长约2厘米；雌花小，长不及1厘米。浆果状核果，径约2厘米，成熟淡红色。

生态习性 喜温暖潮湿及阳光充足的环境，土层深厚、肥沃。

自然分布 分布于福建、贵州、云南及华南，生于低海拔山林中。

园林应用 温暖地区常作行道树、庭院风景树栽培。寒冷地区常在温室盆栽或桶栽，作厅堂、客室、建筑物前后装饰之用。

棕榈

Trachycarpus fortunei

- **科属** 棕榈科棕榈属
- **别名** 棕树、麻球
- **花期** 4～5月
- **果期** 11～12月
- **高度** 15米

 识别要点

　　叶集中干顶，掌状深裂，径50～70厘米，裂片多数，线形；叶柄细长，两侧无刺；叶鞘纤维质，网状，暗棕色，宿存。肉穗花序排成圆锥状，花小，黄白色，雌雄异株。核果肾状球形，径约1厘米，蓝黑色。

生态习性 喜温暖气候及肥沃、湿润、排水良好微酸性土壤，浅根性，易倒伏。

自然分布 分布于我国长江以南地区，为南方特有的经济树种和优美观赏树。

园林应用 树干挺拔，叶姿优雅，适宜对植、列植于庭前、路边、入口处，或孤植、群植于池边、林缘、草地边角、窗前，颇具南国风光。在江南地区常栽于庭院、路边及花坛之中。

PART
2

落叶乔木

重阳木

Bischofia polycarpa

- 科属　大戟科秋枫属
- 别名　乌杨、茄冬树
- 花期　4～5月
- 果期　10～11月
- 高度　15米

识别要点

　　树皮褐色，纵裂。树冠伞形状，大枝斜展，小枝无毛，当年生枝绿色，皮孔明显，灰白色，老枝变褐色，皮孔变锈褐色。三出复叶；叶柄长9～13.5厘米；顶生小叶通常较两侧的大，小叶片纸质，卵形或椭圆状卵形，基部圆或浅心形，边缘具钝细锯齿；托叶小，早落。花雌雄异株，总状花序，春季花与叶同时开放。果实浆果状，圆球形，成熟时红褐色。

生态习性　喜光，也略耐阴，耐干旱瘠薄，也耐水湿有很强的抗寒能力。

自然分布　产于秦岭、淮河流域以南各地，在长江中下游地区常见栽培。华北地区有少量引进栽培。

园林应用　抗风耐湿，生长快速，是良好的庭荫和行道树种。可在堤岸、溪边、湖畔和草坪周围作为点缀树种，极有观赏价值。可孤植、丛植或与常绿树种配置，秋日分外壮丽。

乌桕

Sapium sebiferum

- **科属** 大戟科乌桕属
- **别名** 腊子树、柏子树
- **花期** 4～8月
- **果期** 10～11月
- **高度** 15米

👁 识别要点

　　各部均无毛而具乳状汁液。树皮暗灰色，有纵裂纹。枝广展，具皮孔。叶互生，纸质，叶片菱形、菱状卵形或稀有菱状倒卵形，秋季呈红色。花簇生，花小，浅黄绿色。蒴果球形，黑色，外被一层蜡质。

生态习性 喜光，喜温暖气候及肥沃深厚土壤，耐水湿；主根发达，抗风力强。

自然分布 在我国主要分布于黄河以南各地，北达陕西、甘肃。生于旷野、塘边或疏林中。

园林应用 植于水边、池畔、坡谷、草坪都很合适。若与亭廊、花墙、山石等相配，也甚协调。冬日白色的乌桕子挂满枝头，经久不凋，也颇美观。乌桕在园林绿化中可栽作护堤树、庭荫树及行道树。

53

油桐

Vernicia fordii

- ● 科属　大戟科油桐属
- ● 别名　三年桐
- ● 花期　4～5月
- ● 果期　10月
- ● 高度　3～10米

识别要点

　　树冠球形或扁球形。枝粗壮，有乳液。叶卵圆形，先端短尖，基部平截或浅心形，全缘，叶柄与叶近等长。花单性，雌雄同株，先叶或与叶同放；萼2 (3) 裂，被褐色微毛，花瓣5，白色，有淡红色脉纹，倒卵形。核果近球形，果皮平滑，果实在生长期为青绿色，成熟期逐渐转为淡黄色、淡红至暗红褐色。

　　生态习性　喜光，喜温暖气候及肥沃土壤，耐寒，耐热，耐旱，耐贫瘠，萌芽力强，生长快。

　　自然分布　中国特产的重要油料树种。分布于长江流域以南各省，四川、湖南、湖北、贵州栽培最多。

　　园林应用　一种高效益、多用途的经济型树种。可作庭荫树或行道树。

凤凰木

Delonix regia

- 科属　豆科凤凰木属
- 别名　红花楹、火树
- 花期　6～7月
- 果期　8～10月
- 高度　20余米

👁 识别要点

　　树冠扁圆形，开张如伞。叶为二回偶数羽状复叶，具托叶。伞房状总状花序顶生或腋生；花大而美丽，直径7～10厘米，鲜红至橙红色，具黄及白色花斑。荚果带形，扁平，长30～60厘米，宽3.5～5厘米，稍弯曲，暗红褐色，成熟时黑褐色，顶端有宿存花柱。

生态习性　喜光，不耐寒，生长迅速，抗风力强，喜排水良好的土壤，抗烟尘性差。

自然分布　原产热带非洲马达加斯加，广东、广西、云南等热带地区有栽培。

园林应用　可作行道树、庭荫树，也可植于水畔，观其倒影。

55

合欢

Albizia julibrissin

- 科属　豆科合欢属
- 别名　绒花树、马缨花
- 花期　6 ~ 7月
- 果期　8 ~ 10月
- 高度　16米

👁 识 别 要 点

　　树冠开展呈伞形，小枝有棱角，嫩枝、花序和叶轴被茸毛或短柔毛。二回羽状复叶，小叶对生。头状花序于枝顶排成圆锥花序，花粉红色，花丝长2.5厘米（主要观赏部位）荚果带状，长9 ~ 15厘米，宽1.5 ~ 2.5厘米。

生态习性　喜光照，喜温暖湿润，喜疏松透气肥沃土壤，耐寒，耐旱，生长迅速。

自然分布　产我国东北至华南及西南部各地。生于山坡或栽培。

园林应用　主要作为行道树来进行栽培，也可采用孤植和群植的配置方式应用于街头绿地、小游园和公园等处。

红花刺槐

Robinia × ambigua 'Idahoensis'

- 科属　豆科刺槐属
- 别名　香花槐
- 花期　5 ~ 6月
- 果期　9 ~ 10月
- 高度　8米

👁️ 识别要点

　　茎圆，略具棱。奇数羽状复叶，小叶7 ~ 13枚，椭圆形，长2 ~ 3.5厘米，叶先端钝，有小尖头。花粉红或紫红色，总状花序，小花7 ~ 11朵。荚果，具腺状刺毛。

生态习性 极喜光，怕荫蔽和水湿，耐寒，喜排水良好的土壤。

自然分布 栽培品种，华北地区可应用。

园林应用 用于街道绿化、公园和山路两侧种植。

槐

Sophora japonica

- ● 科属　豆科槐属
- ● 别名　国槐、槐花树
- ● 花期　7～8月
- ● 果期　8～10月
- ● 高度　25米

◉ 识别要点

　　树皮灰褐色，具纵裂纹。当年生枝绿色，无毛。羽状复叶长达25厘米。花冠白色或淡黄色。荚果串珠状，长2.5～5厘米或稍长。

生态习性　喜光而稍耐阴。耐寒、耐旱、耐瘠薄。根系发达，能适应城市土壤板结等不良环境条件。

自然分布　原产中国，现南北各地广泛栽培，华北和黄土高原地区尤为多见。

园林应用　槐是北方庭院常用的庭荫树，也常做用作行道树。可配植于公园、建筑四周、住宅小区及绿地草坪上。

金枝槐

Sophora japonica 'Golden Stem'

- 科属　豆科槐属
- 别名　黄金槐、金叶槐
- 花期　6～8月
- 果期　9～10月
- 高度　25米

识别要点

　　树皮光滑，茎、枝一年生为淡绿黄色，入冬后渐转黄色，二年生的树茎、枝为金黄色。叶互生，羽状复叶，叶椭圆形，淡黄绿色。

生态习性　喜光树种，抗干旱性强，耐瘠薄。性耐寒，能抵抗−30℃的低温。

自然分布　栽培品种，各地均有栽培。

园林应用　主要作为行道树来进行利用的，也可来进行应用，作为配景树应用于街头绿地、小游园和公园等处。

59

龙爪槐

Sophora japonica f. pendula

- ● **科属** 豆科槐属
- ● **别名** 倒栽槐、蟠槐
- ● **花期** 5月
- ● **果期** 10月
- ● **高度** 2～4米

⊙ 识 别 要 点

　　树冠呈伞形。侧枝和小枝均下垂，并向不同方向弯曲盘悬，形似龙爪。羽状复叶互生。圆锥花序顶生，花蝶形，黄白色。荚果串珠状，长2.5～5厘米。

生态习性 阳性树种，稍耐阴。能适应干冷气候。喜土层深厚、湿润肥沃、排水良好的沙壤。

自然分布 栽培品种，在我国广泛栽培，华北地区尤为多见。

园林应用 园林中最常用的观赏植物之一。宜孤植、对植、列植于庭院、路口、公园、小区等处。

皂荚

Gleditsia sinensis

- **科属** 豆科皂荚属
- **别名** 皂角、猪牙皂
- **花期** 3 ~ 5 月
- **果期** 5 ~ 12 月
- **高度** 30 米

识别要点

　　主干具刺，刺粗壮，圆柱形，常分枝。一回羽状复叶，小叶互生，6 ~ 14 片，卵形或卵圆形。总状花序，腋生，花黄白色。荚果带状，长 12 ~ 37 厘米。

生态习性 喜光树种，耐寒、耐旱、耐瘠薄，有较强的耐盐碱能力。

自然分布 在我国广泛栽培。

园林应用 秋叶金黄、主干具刺，较为奇特。主要在建筑物旁、山路两侧，风景林中进行应用。也可采用孤植和群植的配置方式应用于街头绿地、小游园和公园等处。

杜仲
Eucommia ulmoides

- 科属　杜仲科杜仲属
- 别名　扯丝皮、棉树
- 花期　3～4月
- 果期　9～10月
- 高度　20米

👁识别要点

树皮灰褐色，粗糙，折断拉开有多数细丝。叶椭圆形、卵形或矩圆形，薄革质。花生于当年枝基部，雄花无花被，雌花单生，苞片倒卵形。翅果扁平，长椭圆形，翅果扁平，长椭圆形，基部楔形。

生态习性　喜光照，喜温暖湿润气候，耐严寒，对土壤没有严格要求。

自然分布　分布于陕西、甘肃、河南、湖北、四川、云南、贵州、湖南及浙江等地，现各地广泛栽种。

园林应用　在绿地景观中可作为配景树来进行应用，主要采用孤植、对植和群植的配置方式应用于街头绿地、小游园和公园等处。

62

辽椴

Tilia mandshurica

- ● **科属** 椴树科椴树属
- ● **别名** 糠椴
- ● **花期** 7月
- ● **果期** 9月
- ● **高度** 20米

👁 识别要点

　　嫩枝被灰白色星状茸毛。叶卵圆形，长8～10厘米，宽7～9厘米，先端短尖，基部斜心形或截形，上面无毛，下面密被灰色星状茸毛，侧脉5～7对，边缘有三角形锯齿。聚伞花序长6～9厘米，有花6～12朵，黄色。果球形。

生态习性 喜温暖湿润气候，较耐寒，不耐热，对土壤要求不严。

自然分布 产东北各省及河北、内蒙古、山东和江苏北部。

园林应用 可用于行道树，庭荫树和各类绿地种植。

紫椴

Tilia amurensis

- 科属　椴树科椴树属
- 花期　7月
- 果期　9 ~ 10月
- 高度　25米

识别要点

　　树皮暗灰色，呈片状脱落。嫩枝初时有白丝毛，很快变秃净。叶互生，阔卵形或卵圆形，边缘有锯齿。聚伞花序长3 ~ 5厘米，纤细，有花3 ~ 20朵，花黄白色，果球形。

　　生态习性 耐寒、喜温凉湿润气候，耐寒，抗烟能力强，不耐贫瘠，不耐干旱，不耐水湿。

　　自然分布 产黑龙江、吉林及辽宁。

　　园林应用 多用于公园绿地，少数也用于街道绿化。

64

珙桐

Davidia involucrata

● 科属　蓝果树科珙桐属

● 别名　鸽子树

● 花期　4月

● 果期　10月

● 高度　15～20米

识别要点

　　树皮深灰色或深褐色，常裂成不规则的薄片而脱落。幼枝圆柱形，当年生枝紫绿色，多年生枝深褐色或深灰色。叶纸质，互生，无托叶，常密集于幼枝顶端，阔卵形或近圆形。顶生头状花序，下有两片大型的白色苞片，常下垂，花后脱落，花瓣退化或无。长卵圆形核果。

生态习性　喜冷凉潮湿的气候，不耐高温。

自然分布　产湖北西部、湖南西部、四川以及贵州和云南两省的北部。生于海拔1 500～2 200米的润湿的常绿阔叶落叶阔叶混交林中。

园林应用　国家一级保护植物，开花状如一群白鸽栖于树上。可孤植、丛植于公园、庭院、草坪和水面附近。

65

枫杨

Pterocarya stenoptera

- 科属　胡桃科枫杨属
- 别名　枫柳、水麻柳
- 花期　4～5月
- 果期　8～9月
- 高度　30米

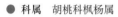 **识别要点**

　　枝有片状髓，裸芽越冬。幼树皮红褐色，老树皮浅灰至深灰色。叶柄及叶轴被柔毛，叶多为偶数或稀奇数羽状复叶。雄花序生于去年生枝叶腋，雌花序生于新枝顶端，花绿色。果实绿色，带粉晕，具翅，芳香。

　　生态习性 幼树较耐阴，成年树喜光。生长迅速，为先锋树种，耐贫瘠，耐水湿，可短期生长在浅水中。

　　自然分布 产我国陕西、河南、山东、安徽、江苏、浙江、江西、福建、台湾、广东、广西、湖南、湖北、四川、贵州、云南。

　　园林应用 主要作为行道树种植和水边湿地配植，尤其是在自然风景区内滨水种植。

胡桃

Juglans regia

● **科属** 胡桃科胡桃属

● **别名** 核桃

● **花期** 4 ~ 5月

● **果期** 9 ~ 11月

● **高度** 20 ~ 25米

👁️ 识别要点

　　树皮淡灰至灰白色，幼时平滑，老时纵裂。小枝粗壮，髓心片状分隔。奇数羽状复叶，长25 ~ 30厘米，小叶5 ~ 9，椭圆形、卵状椭圆形至倒卵形。花单性同株，雄花为柔荑花序；雌花为穗状花序。核果球形，外果皮薄，中果皮肉质，内果皮硬骨质。

生态习性 喜光，耐干冷，不耐温热，不耐盐碱，喜温暖、凉爽气候及深厚、肥沃、湿润的壤土或沙壤土。深根性，不耐移栽，萌蘖性强，寿命长。

自然分布 原产中亚，我国栽培历史悠久，以西北、华北最多。

园林应用 可作庭荫树、独赏树、行道树等，若用作行道树，应选择干性较强的品种。因其枝、叶、花、果分泌物有杀菌、杀虫的保健功能，也可成片、成林植于风景疗养区。

白桦

Betula platyphylla

- ● 科属　桦木科桦木属
- ● 别名　桦皮树
- ● 花期　5月
- ● 果期　10月
- ● 高度　27米

👁 识别要点

　　树冠圆卵形。树皮灰白色，剥离呈纸状。叶厚纸质，三角状卵形，三角状菱形，长3～9厘米，宽2～7.5厘米，边缘具重锯齿，有时具缺刻状重锯齿或单齿。果序单生，圆柱形或矩圆状圆柱形，通常下垂。小坚果狭矩圆形。

　　生态习性　喜温凉湿润气候，不耐热，喜湿润土壤。适应性大，分布甚广，尤喜湿润土壤，为次生林的先锋树种。

　　自然分布　产东北、华北、河南、陕西、宁夏、甘肃、青海、四川、云南、西藏东南部。

　　园林应用　多用于庭院绿化，也可应用于街道等处。

68

红桦

Betula albosinensis

- **科属** 桦木科桦木属
- **别名** 纸皮桦
- **花期** 4～5月
- **果期** 8月
- **高度** 30米

👁 识别要点

　　树皮橘红色或红褐色，纸质分层剥离，皮孔横生。小枝紫褐色，密生树脂点。单叶互生，叶卵形或椭圆状卵形，两面沿脉常有毛，先端渐尖，基部宽楔形或圆形，侧脉8～16对，重锯齿。花单性同株，雄柔荑花序下垂；雌花3朵生于苞腋。果序短圆柱形，常单生，直立；坚果，果翅与坚果等宽。

生态习性 较耐阴，耐寒冷，喜湿润。

自然分布 产云南、四川东部、湖北西部、河南、河北、山西、陕西、甘肃、青海。常生于海拔1 000～3 400米的山坡杂木林中。

园林应用 可作独赏树、庭荫树、风景林树种等。

69

臭椿

Ailanthus altissima

- **科属** 苦木科臭椿属
- **别名** 椿树
- **花期** 4～5月
- **果期** 8～10月
- **高度** 20余米

👁 **识别要点**

树皮黄灰色，平滑而有直纹。奇数羽状复叶，长40～60厘米，小叶镰刀状披针形，秋季叶变金黄。圆锥花序生于枝顶之叶腋，花小。翅果长椭圆形。

生态习性 强阳性树种，不耐阴，耐寒，耐旱，不耐水湿。适生于深厚、肥沃、湿润的沙质土壤，也耐瘠薄。

自然分布 除黑龙江、吉林、新疆、青海、宁夏、甘肃和海南外，各地均有分布。

园林应用 主要作为行道树来进行栽培，在工厂、矿区、风景林和自然公园内也可以加以应用，可孤植、列植或与其他树种混栽。

红叶椿

Ailanthus altissima 'Hongye'

- **科属** 苦木科臭椿属
- **花期** 4 ~ 5月
- **果期** 8 ~ 10月
- **高度** 20余米

👁 识别要点

树皮平滑而有直纹。叶为奇数羽状复叶，长40 ~ 60厘米，初生叶片紫红色。圆锥花序长10 ~ 30厘米；花淡绿色；花瓣5，长2 ~ 2.5毫米，雄花中的花丝长于花瓣，雌花中的花丝短于花瓣。

生态习性 喜光，耐旱，耐寒，耐瘠薄，耐轻度盐碱。

自然分布 栽培品种，在我国华北、西北、东北广泛栽培。

园林应用 用于街道绿化，行道树，郊野公园等处。

楝

Melia azedarach

- ● **科属**　楝科楝属
- ● **别名**　苦楝
- ● **花期**　4 ~ 5月
- ● **果期**　10 ~ 12月
- ● **高度**　10米

◉识别要点

　　树皮灰褐色，纵裂。叶为2 ~ 3回奇数羽状复叶，长20 ~ 40厘米；小叶对生。圆锥花序约与叶等长，花瓣淡紫色，倒卵状匙形，长约1厘米。核果球形至椭圆形，种子椭圆形。

生态习性　喜温暖湿润气候，不择土壤，不耐干旱。

自然分布　产我国黄河以南各地，较常见。

园林应用　多用于公园，也可用于行道树栽培。

海州常山

Clerodendrum trichotomum

- **科属** 马鞭草科赪桐属（大青属）
- **别名** 臭梧桐
- **花期** 6～11月
- **果期** 6～11月
- **高度** 1.5～10米

👁 识别要点

　　幼枝、叶柄、花序轴有黄褐色柔毛。枝髓淡黄色，片状分隔，侧芽叠生。单叶对生，叶宽卵形至三角状卵形，长5～16厘米，宽2～13厘米，先端渐尖，全缘或波状齿。花两性，聚伞花序，花萼紫红色，5深裂，宿存，花后增大；花冠白白色或带粉红色。核果近球形，径6～8毫米，包藏于增大的宿萼内，成熟时外果皮蓝紫色。

生态习性 喜光，稍耐阴，有一定耐寒性，较耐干旱，较耐盐碱，喜湿润气候，适应性强，对土壤要求不太严格。

自然分布 分布于我国华北、华东、中南、西南等地。

园林应用 是布置园林景色的极好材料，可在堤岸旁、悬崖边、石隙、水边、林下栽植。

白玉兰

Yulania denudata

- ● 科属　木兰科玉兰属
- ● 别名　玉堂春、望春花
- ● 花期　2 ~ 3 月
- ● 果期　8 ~ 9 月
- ● 高度　25 米

识别要点

　　树冠广卵形。枝广展形成宽阔的树冠；叶纸质，倒卵形、宽倒卵形或、倒卵状椭圆形，先端宽圆、平截或稍凹，具短突尖，中部以下渐狭成楔形。花大，花被片 9，白色，基部常带粉红色。蓇葖果。

生态习性　阳性树种。喜深厚肥沃土壤，喜温暖湿润气候，不耐盐碱，忌水涝，耐寒。

自然分布　产江西、浙江、湖南、贵州。生于海拔 500 ~ 1 000 米的林中。

园林应用　现代各种不同类型的园林绿地皆可应用。在小区、公园、工厂、学校、庭院、路边都能见到其倩影。也可在草坪和庭院角隅、大门两侧等处种植。采用孤植、对植、丛植或群植均可。

鹅掌楸

Liriodendron chinense

- 科属　木兰科鹅掌楸属
- 别名　马褂木、鹅脚板
- 花期　5月
- 果期　9 ~ 10月
- 高度　40米

 **识别要点**

　　小枝灰色或灰褐色。叶马褂状。花杯状，花被片9，花瓣状绿色，具黄色纵条纹。聚合果长7 ~ 9厘米，具翅的小坚果长约6毫米。

生态习性　喜温暖湿润气候，喜深厚肥沃土壤，幼树稍耐阴，成年树喜光。不耐盐碱，略耐寒，忌积水。

自然分布　产陕西、安徽、浙江、江西、福建、湖北、湖南、广西、四川、贵州、云南，台湾也有栽培。

园林应用　可作为行道树、庭荫树来进行应用，无论孤植、丛植、列植或片植于草坪、街头绿地、公园入口和庭院角隅等处，均有独特而较好的景观效果，是城市绿化中极佳的庭荫树种。本种在华北地区不适合做行道树来进行应用。

二乔玉兰

Yulania × soulangeana

- 科属　木兰科玉兰属
- 别名　二乔木兰、朱砂玉兰
- 花期　2～3月
- 果期　9～10月
- 高度　6～10米

◉识别要点

　　小枝绿紫色，通常无毛。叶纸质，倒卵形；花先叶开放，浅红色至深红色，花被片6～9。

生态习性　喜温凉湿润气候，幼树较耐阴，成年树喜光或稍耐阴。喜深厚肥沃土壤，不耐盐碱，耐寒。

自然分布　本种是玉兰与紫玉兰的杂交种，在我国广泛栽培。

园林应用　主要应用于街头绿地、小游园和公园等处，近年也有用于行道树进行配置的。在园林中主要采用对植、片植和组团种植的配置方式，也可与其他植物搭配使用。无论何种搭配，均是早春园林景观中，最靓丽的风景线。

飞黄玉兰

Magnolia denudata 'Fenhuang'

● 科属　木兰科木兰属

● 别名　黄玉兰、黄缅兰

● 花期　3 ～ 4月

● 果期　6 ～ 7月

● 高度　5 ～ 7米

👁 识别要点

　　叶倒卵圆形。或卵圆形，厚纸质，长10 ～ 13 厘米，先端钝圆，波状全缘。花被片9 ～ 12枚。稀7枚，黄色至淡黄色。聚生蓇葖果圆柱状。

生态习性　喜光、喜温暖湿润气候，喜排水良好的微酸性土壤，不甚耐寒。

自然分布　栽培品种，在我国各地零星栽培。

园林应用　可应用于道路、小游园、庭院和各类型绿地。

望春玉兰

Yulania biondii

- **科属** 木兰科玉兰属
- **别名** 望春花
- **花期** 3月
- **果期** 9月
- **高度** 12米

◉识别要点

　　树皮淡灰色，光滑。小枝细长，灰绿色。花先叶开放，直径6～8厘米，芳香；花被9，外轮3片紫红色，中内两轮近匙形，白色，外面基部常紫红色；蓇葖浅褐色，近圆形。

　　生态习性 幼树稍耐阴，成年树喜光。喜深厚肥沃土壤，喜温暖湿润气候，不耐盐碱。

　　自然分布 产陕西、甘肃、湖北、四川等地。生于海拔600～2100米的山林间。

　　园林应用 可以参考其他玉兰的应用形式，本种在绿地和庭院中列植、孤植和片植俱佳。

杂交鹅掌楸

Liriodendron × sinoamericanum

- ● **科属** 木兰科鹅掌楸属
- ● **别名** 杂交马褂木
- ● **花期** 5 ~ 6 月
- ● **果期** 10 月
- ● **高度** 60 米

◉ 识别要点

　　主干通直，叶形似马褂，长 7 ~ 12 厘米，先端略凹，近似中国鹅掌楸。小枝紫褐色，树皮褐色，树皮浅纵裂。花较大，黄色，具清香，单生枝顶，形似郁金香。聚合果纺锤形。

生态习性 喜温暖湿润气候，不甚耐热，喜深厚肥沃土壤，不耐寒。

自然分布 该种是以中国鹅掌楸为母本、北美鹅掌楸为父本获得的人工杂交种。在我国广泛栽培。

园林应用 用于街道、庭荫树和各类绿地。

猴面包树

Adansonia digitata

- 科属　木棉科猴面包树属
- 别名　波巴布树、酸瓠树
- 花期　4～10月
- 果期　4～6月
- 高度　10～15米

👁 识别要点

　　主干短，分枝多。叶集生于枝顶，小叶通常5，长圆状倒卵形，急尖，上面暗绿色发亮。花生近枝顶叶腋，花瓣外翻，白色。果长椭圆形，下垂。

生态习性　喜光而稍耐阴，喜高温多湿，略耐旱瘠，忌积水，对土质要求不高，但以土层疏松、排水良好的沙壤土或冲击土为佳，抗风、速生、萌芽力强。

自然分布　原产非洲热带，我国福建、广东、云南的热带地区少量栽培。

园林应用　在热带，猴面包树是很好的行道树或浓荫树，非常适作远景树。

美丽异木棉

Ceiba speciosa

- 科属　木棉科吉贝属
- 别名　美人树、丝木棉
- 花期　9月至翌年1月
- 果期　4～6月
- 高度　10～15米

◉识别要点

　　树冠呈伞形，树干下部膨大，呈酒瓶状，树皮绿色，密生圆锥状皮刺。叶互生，掌状复叶，小叶3～7片，小叶椭圆形。花单生，花冠粉色，中心白色；但花的花瓣5，反卷，花丝合生成雄蕊管，包围花柱。蒴果纺锤形，初呈绿色，成熟后开裂，内有棉毛。

生态习性　喜光而稍耐阴，喜高温多湿，略耐旱瘠，忌积水，对土质要求不高，但以土层疏松、排水良好的沙壤土或冲击土为佳，抗风、速生、萌芽力强。

自然分布　原产南美洲，在我国广东、广西、福建、海南、云南、四川等南方城市广泛栽培。

园林应用　可孤植观赏，也可列植用作行道树，而群植观赏效果更佳，是道路、公园、庭院、风景区及居住区优良的行道树和风景树种。

白蜡树

Fraxinus chinensis

- 科属　木樨科梣属
- 别名　青榔木、白荆树
- 花期　4～5月
- 果期　7～9月
- 高度　10～12米

👁️ 识 别 要 点

　　树冠卵圆形。树皮灰褐色，纵裂。羽状复叶长15～25厘米；小叶5～7枚，秋叶变为橙黄色。圆锥花序顶生或腋生枝梢，长8～10厘米，花雌雄异株。翅果匙形。

生态习性 阳性树种，喜温暖湿润气候，喜深厚肥沃土壤，较耐轻盐碱性土。

自然分布 在我国广泛栽培。

园林应用 可作为行道树进行栽培利用，也可在庭院内孤植，或采用对植、孤植和群植的配置方式应用于街头绿地、小游园和公园等处。

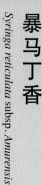

暴马丁香

Syringa reticulata subsp. Amurensis

- 科属　木樨科丁香属
- 别名　暴马子、荷花丁香
- 花期　6～7月
- 果期　8～10月
- 高度　4～10米

👁 识别要点

　　树皮紫灰褐色，具细裂纹。当年生枝绿色或略带紫晕，无毛，疏生皮孔。叶片厚纸质，宽卵形、卵形至椭圆状卵形。圆锥花序由1到多对着生于同一枝条上的侧芽抽生，花冠白色。果长椭圆形。

生态习性 喜温凉湿润气候，耐寒、略耐旱，耐瘠薄。

自然分布 产黑龙江、吉林、辽宁。生山坡灌丛或林边、草地、沟边，或针叶、阔叶混交林中。

园林应用 多应用于各类公园绿地，也可应用于道路两侧绿化。

83

流苏树

Chionanthus retusus

- 科属　木樨科流苏树属
- 别名　糯米花、如密花
- 花期　3～6月
- 果期　6～11月
- 高度　20米

👁 识 别 要 点

　　叶片革质或薄革质，长圆形、椭圆形或圆形。花冠白色，4深裂。果椭圆形，呈蓝黑色或黑色。

生态习性　阳性树种，不耐阴，耐寒，耐旱，忌积水，耐瘠薄，对土壤要求不严。

自然分布　产甘肃、陕西、山西、河北、河南、云南、四川、广东、福建、台湾。

园林应用　本种宜于草坪中数株丛植。也可在公园、街头绿地内、林缘、水畔等处散植，远望过去，似白雪压冠，非常美观。

美国白蜡
Fraxinus americana

- 科属　木樨科梣属
- 别名　洋白蜡、美国白榕
- 花期　5～6月
- 果期　10月
- 高度　12米

👁 识别要点

树干通直。羽状复叶对生，小叶7～9，卵状披针形，小叶柄基部不膨大。圆锥花序长20～30厘米，生于去年老枝枝顶。翅果。

生态习性　喜光，喜温暖，也耐寒。喜肥沃湿润也能耐干旱瘠薄，喜钙质土。

自然分布　原产美国，在我国黄河流域和东北地区都有引种栽培。

园林应用　著名秋色色叶树种，多用作行道树和郊野公园绿化树种。

七叶树

Aesculus chinensis

● **科属** 七叶树科七叶树属

● **别名** 梭锣树

● **花期** 5月

● **果期** 9～10月

● **高度** 25米

识别要点

树冠圆球形。树皮灰褐色，片状剥落。小枝粗壮。掌状复叶对生，小叶5～7，锯齿细。花杂性同株，白色，花瓣4，常有橘红或黄色斑纹，雄蕊7；圆锥花序密集直立，近圆柱形。蒴果近球形，黄褐色。种子形如板栗，深褐色。

生态习性 喜光，稍耐阴，较耐寒冷，喜温暖气候及深厚肥沃、湿润、排水良好土壤。深根性，寿命长，萌芽力不强。

自然分布 产浙江北部和江苏南部，黄河流域及东部各省均有栽培

园林应用 是世界著名的观赏树种和五大佛教树种之一。古典园林中，常将七叶树孤植于建筑物前，赏其壮阔之美。宜作行道树、庭荫树、独赏树等，可栽植于公园、庭院，对植于建筑前，列植于路边，或孤植、丛植于草坪、山坡。

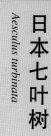

日本七叶树

Aesculus turbinata

- **科属** 七叶树科七叶树属
- **花期** 4～5月
- **果期** 10月
- **高度** 25米

识别要点

掌状复叶，由5～7小组成。花序圆筒形；花瓣4，白色。果实球形或倒卵圆形。

生态习性 阳性树种，略耐寒，喜肥沃、排水良好的土壤。

自然分布 河北南部、山西南部、河南北部、陕西南部均有栽培，仅秦岭有野生的。

园林应用 可作为行道树进行栽培，也可于公园、街头广场绿化，既可孤植也可群植。花开之时十分壮观，秋季叶色变黄，也是非常好的观赏景致。

黄连木

Pistacia chinensis

- **科属** 漆树科黄连木属
- **别名** 楷木、黄连茶
- **花期** 5月
- **果期** 10月
- **高度** 20余米

识别要点

树皮灰褐色，呈细鳞状剥落。全株有特殊气味。奇数羽状复叶互生，有小叶5～6对，小叶对生或近对生，纸质。花单性异株，先花后叶，圆锥花序腋生，雄花序排列紧密，长6～7厘米，雌花序排列疏松，长15～20厘米，花小。

生态习性 喜光、喜温暖湿润气候，喜钙质土壤，耐贫瘠。

自然分布 产长江以南各地及华北、西北，生于海拔140～3 550米的石山林中。

园林应用 是非常优良的秋叶树种，多应用于郊野公园、行道树，也可做庭荫树应用。

花叶复叶槭

Acer negundo var. variegatum

● **科属**　槭树科槭属

● **别名**　白叶洋枫、银边白
　　　　　蜡槭

● **花期**　3～4月

● **果期**　8～9月

● **高度**　20米

👁 识别要点

　　树皮灰褐色，浅纵裂。小枝粗壮光滑，羽状复叶对生，小叶3～5，有不规则锯齿，叶片初展时呈黄、白粉和红粉色，成熟时叶片呈现黄白色与绿色相间的叶色。

生态习性　生长势强，喜光，喜冷凉湿润气候，耐轻盐碱，喜深厚、肥沃、湿润土壤。

自然分布　栽培品种，在我国零星栽培。

园林应用　属速生树种，枝叶茂密，叶色五彩斑斓，入秋叶色金黄，可作庭荫树、行道树树种。亦可采用片植、列植和群植的配置方式应用于街头绿地、小游园和公园等处。

葛萝槭

Acer grosseri

- ● **科属** 槭树科槭树属
- ● **别名** 飞蛾树、青皮椴
- ● **花期** 5月
- ● **果期** 8～10月
- ● **高度** 15米

识别要点

　　树皮绿色或绿褐色，具纵纹。小枝绿色，常有白粉。单叶对生，叶宽卵形至卵圆形，秋季变红，常3～5裂，重锯齿细尖，基部圆形或心形，常3出脉，背面脉腋有簇毛。总状花序下垂。双翅果幼时淡紫色，熟时黄褐色。

 生态习性 耐阴，喜湿润、肥沃的酸性土壤。

自然分布 分布于河北、山西、河南、陕西、甘肃、湖北西部、湖南、安徽等地，生于海拔1000～1600米的疏林中。

园林应用 是非常优良的秋叶树种，可栽培成乔木型、丛生型，或修剪成球形，可作庭荫树、行道树、独赏树、风景树种。

金叶复叶槭

Acer negundo 'Auratum'

● **科属** 槭树科槭属
● **别名** 金叶梣叶槭
● **花期** 4～5月
● **果期** 9月
● **高度** 20米

👁 识别要点

当年生枝绿色，多年生枝黄褐色。冬芽小，鳞片2，镊合状排列。羽状复叶，长10～25厘米，有3～7(稀9)小叶；小叶纸质，金黄色。雄花的花序聚伞状，雌花的花序总状。小坚果凸起，近于长圆形或长圆卵形，有翅。

生态习性 喜温凉湿润气候，不耐炎热，耐寒、不甚耐旱，耐贫瘠。

自然分布 栽培品种，我国华北、江浙、华南地区有栽培。

园林应用 用于道路绿化，也应用于各类绿地。

Acer rubrum

美国红枫

- 科属　　槭树科槭属
- 别名　　红花槭
- 花期　　4月
- 果期　　9～10月
- 高度　　20米

👁️ **识别要点**

　　树皮光滑，灰褐色。枝条细长光滑，紫红色。叶片3～5裂，掌状，叶长5～10厘米。幼叶正面呈微红色，后变绿色，叶背面是灰绿色。花红色。翅果红色，长2.5～5厘米。

生态习性 耐寒，耐旱，喜光，喜肥沃潮湿土壤。

自然分布 原产美国，在我国多分布于黑龙江以南，广东以北。

园林应用 春叶泛红，夏叶亮绿，秋叶亮红，是非常别致的观叶品种，可用作行道树或庭院绿化树。

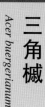

三角槭

Acer buergerianum

● **科属** 槭树科槭属
● **别名** 三角枫、红树
● **花期** 4月
● **果期** 8月
● **高度** 5～10米

👁识别要点

　　树冠卵形。树皮长片状剥落。叶纸质，通常浅3裂，裂片向前伸，全缘或有不规则锯齿。萼片黄绿色，花瓣淡黄色。翅果黄褐色。

生态习性 阳性树种，稍耐寒，喜温暖湿润气候，喜肥沃、排水良好的土壤。

自然分布 产山东、河南、江苏、浙江、安徽、江西、湖北、湖南、贵州和广东等地。生于海拔300～1 000米的阔叶林中。

园林应用 可用作行道树进行栽培，也可孤植、丛植作庭荫树。在溪湖岸边、草坪边缘、坡地配植，也可点缀于古典园林中的亭廊、山石间。在现代园林中，可采用对植、列植和群植的配置方式应用于街头绿地、小游园和公园等处。

色木槭

Acer pictum subsp. mono

- 科属　槭树科槭属
- 别名　五角枫、地锦槭
- 花期　5月
- 果期　9月
- 高度　15～20米

👁 识别要点

　　树皮粗糙。当年生枝绿色或紫绿色，多年生枝灰色或淡灰色。叶纸质，基部截形或近于心脏形，叶片的外貌近于椭圆形，常5裂，秋季变红或变黄。花多数，杂性，雄花与两性花同株，花的开放与叶的生长同时；萼片5，黄绿色。小坚果压扁状。

　　生态习性 喜温暖湿润气候，耐寒，耐旱，耐瘠薄。

　　自然分布 产东北、华北和长江流域各省。生于海拔800～1 500米的山坡或山谷疏林中。

　　园林应用 是非常优良的秋叶树种，应用于街道、庭院和各类公园。

94

糖
槭

Acer saccharum

- 科属　槭树科槭属
- 别名　加拿大枫
- 花期　4月
- 果期　8～10月
- 高度　30～40米

👁 识别要点

　　树冠宽而扩展；树皮红褐色。叶掌状5深裂，裂片先端渐尖，边缘具深粗齿牙，中裂片常3裂，基部心形，上面绿色，下面带白色，秋季变淡黄色或淡褐色。伞房花序，花红色。果实为翅果，红色，长3～5厘米。

生态习性　喜温凉湿润气候，耐寒，不耐热，喜深厚肥沃土壤。

自然分布　原产北美，华北地区有引种。

园林应用　是非常优良的秋叶树种，可用于行道树，庭荫树和其他绿色树种。

95

元宝枫

Acer truncatum

- ● 科属　槭树科槭属
- ● 别名　元宝槭、五脚树
- ● 花期　4月
- ● 果期　8月
- ● 高度　8～10米

 识 别 要 点

　　树皮灰褐色或深褐色，深纵裂。小枝无毛，当年生枝绿色，多年生枝灰褐色，具圆形皮孔叶纸质，常5裂。花黄绿色，常成无毛的伞房花序。翅果成熟时淡黄色或淡褐色，常成下垂的伞房果序。

生态习性 阳性树种，怕高温暴晒；较耐寒、耐旱；喜肥沃、排水良好的土壤。

自然分布 产吉林、辽宁、内蒙古、河北、山西、山东、江苏北部、河南、陕西及甘肃等地。生于海拔400～1 000米的疏林中。

园林应用 其树形优美，枝叶浓密，可作为行道树来进行栽培利用。也可应用于街头绿地、小游园和公园等处，采用孤植、对植、片植和群植的配置方式。

紫薇

Lagerstroemia indica

- 科属　千屈菜科紫薇属
- 别名　痒痒树、剥皮树
- 花期　6～9月
- 果期　9～12月
- 高度　7米

识别要点

　　树皮平滑，灰色或灰褐色。枝干多扭曲，小枝纤细，具4棱，略成翅状。叶互生或有时对生。花淡红色或紫色、白色。蒴果椭球形或阔椭圆形。幼时绿色至黄色，成熟时或干燥时呈紫黑色。

生态习性　阳性树种，较耐寒，喜肥沃、排水良好的土壤，耐瘠薄，耐修剪。

自然分布　广东、广西、湖南、福建、江西、浙江、江苏、湖北、河南、河北、山东、安徽、陕西、四川、云南、贵州及吉林均有生长或栽培。

园林应用　在园林绿化中，被广泛用于街道、公园、庭院、溪流河畔边缘、道路绿化等。还可采用列植、对植、孤植和片植等多种配置方式。

97

稠李

Padus avium

- **科属** 蔷薇科稠李属
- **别名** 臭李子
- **花期** 4～5月
- **果期** 5～10月
- **高度** 15米

识别要点

　　树皮粗糙而多斑纹。叶片椭圆形、长圆形或长圆倒卵形，长4～10厘米，宽2～4.5厘米，先端尾尖，基部圆形或宽楔形，边缘有不规则锐锯齿。总状花序具有多花，长7～10厘米；花瓣白色。核果卵球形，顶端有尖头，红褐色至黑色。

　　生态习性 喜温凉湿润气候，耐寒，略耐旱，不耐热，喜深厚肥沃的森林土壤。

　　自然分布 产黑龙江、吉林、辽宁、内蒙古、河北、山西、河南、山东等地。生于山坡、山谷或灌丛中，海拔880～2500米。

　　园林应用 多用作行道树、庭院绿化树，可采用孤植、列植等方式进行配置。

东京樱花
Cerasus yedoensis

- ● **科属** 蔷薇科樱属
- ● **别名** 樱花、日本樱花
- ● **花期** 4月
- ● **果期** 5月
- ● **高度** 4～16米

👁 识别要点

叶片椭圆卵形或倒卵形，无毛。花序伞形总状，总梗极短，有花3～4朵，先叶开放；花瓣白色或粉红色，先端下凹，全缘二裂。

生态习性 幼树稍耐阴，成年树喜光。喜温暖湿润，喜深厚肥沃土壤，不耐盐碱，耐寒。

自然分布 原产日本，华中和华东地区广泛栽培，华北地区也有栽培。

园林应用 是著名的早春观赏树种，在我国园林绿化中，应用非常广泛。宜种植在庭院、山坡、建筑物前及园路两旁，也可以列植作为行道树来进行栽培利用。也可与其他花灌木进行合理配置，可孤植或群植于庭院、公园、草坪、湖边或居住小区等处。

杜梨

Pyrus betulifolia

- 科属　蔷薇科梨属
- 别名　土梨、棠梨
- 花期　4月
- 果期　8～9月
- 高度　10米

识别要点

　　树冠开展，枝常具刺。叶片菱状卵形至长圆卵形，长4～8厘米，边缘有粗锐锯齿。伞形总状花序，有花10～15朵，花瓣宽卵形，白色；雄蕊20，花药紫色，长约花瓣之半。果实近球形，直径5～10毫米。

生态习性　喜光，耐干旱，适应性强。

自然分布　产辽宁、河北、河南、山东、山西、陕西、甘肃、湖北、江苏等地。

园林应用　多用于庭院和公园绿地。

海棠果

Malus prunifolia

- **科属** 蔷薇科苹果属
- **别名** 楸子
- **花期** 4～5月
- **果期** 8～9月
- **高度** 3～8米

👁 识别要点

树皮灰褐色或绿褐色。小枝幼时有毛。单叶互生，叶长卵形或椭圆形，锯齿细锐。花两性，白色或稍带红色，径约3厘米，伞形总状花序近伞形，萼片比萼筒长而尖，宿存。梨果近球形，熟时红色，径2～2.5厘米。

生态习性 喜光，耐寒冷，耐干旱，耐水湿，耐盐碱，对土壤要求不严，适应性强。深根性，生长快。

自然分布 产河北、山东、山西、河南、陕西、甘肃、辽宁、内蒙古等地。生山坡、平地或山谷梯田边，海拔50～1 300米。

园林应用 宜作庭荫树、独赏树，是园林生产相结合的优良树种。

101

木瓜

Chaenomeles sinensis

- **科属** 蔷薇科木瓜属
- **别名** 光皮木瓜、木梨
- **花期** 4 ~ 5月
- **果期** 9 ~ 10月
- **高度** 5 ~ 10米

◉ 识别要点

　　树皮呈片状脱落。单叶互生，叶片椭圆卵形或椭圆长圆形。花单生于叶腋，直径2.5 ~ 3厘米；花瓣倒卵形，淡粉红色。果实长椭圆形，长10 ~ 15厘米，暗黄色，木质，味芳香。

生态习性 幼树稍耐阴，成年树喜光。喜深厚肥沃土壤，稍耐盐碱，不耐湿，略耐寒。生长较慢，不耐修剪。

自然分布 产山东、陕西、湖北、江西、安徽、江苏、浙江、广东、广西。

园林应用 古典园林应用颇多。现代园林中，主要采用孤植和群植的配置方式应用于街头绿地、小游园和公园等处。

苹果

Malus pumila

● **科属**　蔷薇科苹果属

● **别名**　西洋苹果

● **花期**　5月

● **果期**　7～10月

● **高度**　15米

👁 识别要点

　　多具有圆形树冠和短主干。伞房花序，白色，含苞未放时带粉红色。果实扁球形，多暗红色。

生态习性　阳性树种，较耐寒，喜肥沃、排水良好的土壤。

自然分布　原产欧洲及亚洲中部，栽培历史已久，全世界温带地区均有种植。

园林应用　多用于公园、休闲观光园和观果园。近年也有用在小区、街头绿地等处，都有很好的观赏效果。

日本晚樱

Cerasus serrulata var. lannesiana

- **科属** 蔷薇科樱属
- **别名** 晚樱、重瓣樱花
- **花期** 3～4月
- **果期** 6～7月
- **高度** 3～8米

👁 **识别要点**

　　树皮灰褐色或灰黑色。叶边有渐尖重锯齿，齿端有长芒。花常有香气，有花2～3朵，花色以粉红色为主。

生态习性 阳性树种，喜光，喜温凉湿润的海洋性气候，耐寒。

自然分布 原产日本，华北地区有栽培。

园林应用 宜群植。也有作为行道树来进行配置的，观赏效果也颇高。采用列植和群植的配置方式应用于街头绿地、小游园和公园等处。

Malus baccata

山荆子

● **科属**　蔷薇科苹果属

● **别名**　山定子、林荆子

● **花期**　4～5月

● **果期**　9～10月

● **高度**　15米

👁 识别要点

　　树冠近圆形。小枝暗褐色。单叶互生，叶卵状椭圆形，先端尖，锯齿细尖，背面无毛或疏生毛。花两性，白色，径3～3.5厘米，花柱5或4；萼片长于筒部；花梗细；伞形总状花序。梨果近球形，径8～10毫米，红色或黄色，萼片脱落。

生态习性　喜光，较耐阴，耐寒冷，耐干旱，耐瘠薄，不耐积水，具深根性。

自然分布　原产我国华北、东北及内蒙古。

园林应用　宜作庭荫树、独赏树等。

105

山桃

Amygdalus davidiana

- 科属　蔷薇科桃属
- 花期　3～4月
- 果期　7～8月
- 高度　10米

识别要点

　　树冠开展，树皮暗紫色，光滑。叶片卵状披针形，长5～13厘米，宽1.5～4厘米。花单生，先于叶开放，直径2～3厘米；花梗极短或几无梗；花瓣倒卵形或近圆形，粉红色。果实近球形，直径2.5～3.5厘米，淡黄色。

生态习性　耐寒，耐旱，耐盐碱土壤。

自然分布　产山东、河北、河南、山西、陕西、甘肃、四川、云南等地。

园林应用　多用于庭院、水边、园路两侧等。

山樱花

Cerasus serrulata

● 科属　蔷薇科樱属

● 花期　4～5月

● 果期　6～7月

● 高度　3～8米

👁 识别要点

　　叶片卵状椭圆形或倒卵椭圆形，长5～9厘米，宽2.5～5厘米，先端渐尖，基部圆形。花序伞房总状或近伞形，有花2～3朵；花瓣白色，稀粉红色，倒卵形，先端下凹。核果球形或卵球形，紫黑色，直径8～10毫米。

生态习性 喜温暖湿润气候，亦耐寒，不甚耐热，喜疏松透气土壤。

自然分布 产黑龙江、河北、山东、江苏、浙江、安徽、江西、湖南、贵州。生于山谷林中或栽培，海拔500～1 500米。

园林应用 用于道路绿化，公园和营建樱花园等。

107

山楂

Crataegus pinnatifida

- ● 科属　蔷薇科山楂属
- ● 别名　红果、山里红
- ● 花期　5～6月
- ● 果期　9～10月
- ● 高度　6米

◉识别要点

　　树皮粗糙，当年生枝紫褐色，老枝灰褐色。叶片卵形，先端短渐尖，基部截形至宽楔形，通常两侧各有3～5羽状深裂，边缘有尖锐稀疏不规则重锯齿。伞房花序具多花，花瓣白色。果实近球形，直径1～1.5厘米，深红色。

生态习性 阳性树种，自然分布强，耐寒、耐旱、耐瘠薄；在土层深厚、质地肥沃、疏松、排水良好的微酸性沙壤土生长良好。

自然分布 产黑龙江、吉林、辽宁、河北、河南、山东、山西、陕西、江苏等地。

园林应用 适合栽培在庭院内、草坪边缘、岩石及建筑物前。亦可应用于街头绿地、小区和郊野公园等处，颇具野趣。

- **科属** 蔷薇科杏属
- **别名** 杏花、苦杏仁
- **花期** 3～4月
- **果期** 6～7月
- **高度** 5～8米

 **识别要点**

树冠圆形、扁圆形或长圆形。花单生，直径2～3厘米，先于叶开放；花瓣白色或带红色。果实球形，白色、黄色至黄红色。

生态习性 阳性树种，耐寒、耐旱、耐瘠薄，喜肥沃、排水良好的土壤。

自然分布 产全国各地，多数为栽培，尤以华北、西北和华东地区种植较多。

园林应用 多用于公园、休闲观光园和观果园。近年也有用在小区、街头绿地等处，孤植、对植和列植观赏效果均佳。

樱桃

Cerasus pseudocerasus

- 科属　蔷薇科樱属
- 花期　3 ~ 4月
- 果期　5 ~ 6月
- 高度　2 ~ 6米

👁 识别要点

　　叶片卵形或长圆状卵形，长5 ~ 12厘米，宽3 ~ 5厘米，先端渐尖或尾状渐尖，基部圆形，边有尖锐重锯齿，齿端有小腺体。花序伞房状或近伞形，有花3 ~ 6朵，先叶开放；花瓣白色。核果近球形，红色。

生态习性 喜光，耐寒，耐旱，喜土层深厚土壤。

自然分布 产辽宁、河北、陕西、甘肃、山东、河南、江苏、浙江、江西、四川。生于山坡阳处或沟边，常栽培，海拔300 ~ 600米。

园林应用 多栽培于庭院周围，也可用于公园绿化。

110

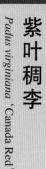

紫叶稠李

Padus virginiana 'Canada Red'

- 科属　蔷薇科稠李属
- 花期　4～5月
- 果期　7～8月
- 高度　20～30米

 识别要点

　　单叶互生，叶缘有锯齿，初生叶为绿色，进入5月后随着温度升高，逐渐转为紫红绿色至紫红色。总状花序，花白色，花瓣较大，近圆形。果球形，较大，径1～1.2厘米，成熟时紫红色或紫黑色。开花较稠李稍晚近1周。

生态习性 喜光，稍耐阴，耐寒，喜肥沃湿润、排水良好的土壤。

自然分布 栽培品种，华北地区均可栽培。

园林应用 应用于道路、公园等处。

板栗

Castanea mollissima

● 科属　壳斗科栗属

● 别名　毛栗、栗

● 花期　4～6月

● 果期　8～10月

● 高度　20米

识别要点

　　树皮暗灰色，不规则深裂，枝条灰褐色，有纵沟，皮上有许多黄灰色的圆形皮孔。单叶互生，叶椭圆至长圆形。雌雄同株，单性花，雄花序穗状，直立，雌花着生在雄花序基部，花呈浅黄绿色。壳斗连刺径4.5～6.5厘米。

生态习性 阳性树种，耐寒，喜肥沃、排水良好的土壤，萌蘖性强。

自然分布 除青海、宁夏、新疆、海南等地外均有分布。

园林应用 本种作为绿化树种应用的较少，仅在少数公园和休闲农庄有栽培利用。可在公园、果类专类园和风景林边缘进行栽培，增加这些地区物种多样性和观赏多样。

蒙古栎

Quercus mongolica

- ● **科属** 壳斗科栎属
- ● **别名** 柞树、蒙栎
- ● **花期** 4 ~ 5月
- ● **果期** 9月
- ● **高度** 30米

👁 识别要点

　　树皮灰褐色，纵裂。幼枝紫褐色。叶片倒卵形至长倒卵形，长7 ~ 19厘米；宽3 ~ 11厘米。雄花序生于新枝下部，长5 ~ 7厘米；雌花序生于新枝上端叶腋，长约1厘米，有花4 ~ 5朵。坚果，单生，卵形或长卵形。

生态习性 喜温凉湿润气候，耐干旱瘠薄，耐贫瘠土壤，生长速度快。

自然分布 产黑龙江、吉林、辽宁、内蒙古、河北、山东等地。

园林应用 叶形、果形奇特，秋叶橙黄，美丽的秋色树种，多用于庭院、山坡绿化。

113

栓皮栎

Quercus variabilis

- **科属**　壳斗科栎属
- **别名**　软木栎
- **花期**　3～4月
- **果期**　9～10月
- **高度**　30米

👁 识 别 要 点

　　树皮黑褐色，深纵裂，木栓层发达。叶片卵状披针形或长椭圆形，叶缘具刺芒状锯齿。雄花序长达14厘米；雌花序生于新枝上端叶腋。壳斗杯形，包着坚果2/3。

生态习性　喜湿润气候，耐寒，亦耐热，喜山地土壤，生长速度快。

自然分布　产辽宁、河北、山西、陕西、甘肃、山东、江苏、安徽、浙江、江西、福建、台湾、河南、湖北、湖南、广东、广西、四川、贵州、云南等地。

园林应用　用于生态公园造林、四旁绿化，也可作庭荫树等。

114

构树

Broussonetia papyrifera

- **科属** 桑科构属
- **别名** 楮树
- **花期** 4～5月
- **果期** 8～9月
- **高度** 15米

识别要点

有乳汁。树皮浅灰色，平滑，有细纵裂纹。小枝密被灰白色茸毛。单叶互生兼对生，叶卵形，两面密被柔毛，锯齿粗，3出脉，有裂或不裂；叶柄密生粗毛。花雌雄异株，雄花为柔荑花序，雌花为头状花序。聚花果球形，直径1.5～3厘米，橙红色。

生态习性 喜光，耐干旱、瘠薄，耐水湿，能耐干冷及温热气候，对土壤要求不太严格，适应性强，喜钙质土。

自然分布 我国各地均有栽培。

园林应用 可作庭荫树、独赏树、防护林及四旁绿化树种。是城乡绿化的重要树种，也是工矿区及荒山绿化树种。

黄葛树

Ficus virens var. Sublanceolata

- ● 科属　桑科榕属
- ● 别名　大叶榕、黄葛榕
- ● 花期　5 ～ 8 月
- ● 果期　8 ～ 11 月
- ● 高度　30 米

◉ 识别要点

　　冷季落叶，但随时可长出绿芽。有板根或支柱根，幼时附生。叶薄革质或皮纸质，卵状披针形至椭圆状卵形，长 10 ～ 15 厘米，宽 4 ～ 7 厘米，托叶披针状卵形。榕果，球形，直径 7 ～ 12 毫米，成熟时紫红色。雄花、瘿花、雌花生于同一榕果内。

生态习性　喜光，有气生根。喜温暖湿润气候，耐旱，不耐寒。抗风，抗大气污染。耐贫瘠，对土壤要求不严。生长迅速，萌发力强，易栽培。

自然分布　我国西南部常见树种。

园林应用　新叶展放后鲜红色的托叶纷纷落地，甚为美观。适合栽植于公园湖畔、草坪、河岸边、风景区，孤植或群植造景，提供人们游憩、纳凉的场所，也可用作行道树。

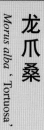

龙爪桑

Morus alba 'Tortuosa'

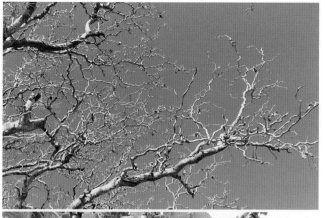

- 科属　桑科桑属
- 花期　4月
- 果期　6～7月
- 高度　2～3米

👁 识别要点

　　有乳汁。树冠倒宽卵形。树皮灰黄或黄褐色，浅纵裂。枝条扭曲向上。单叶互生，叶卵形或卵圆形，先端尖，表面光滑，有光泽，背面脉腋有簇毛，3出脉；锯齿粗钝，有裂或无裂；秋叶黄色。花单性异株。柔荑花序。聚花果圆柱形，熟时紫黑色、红色或近白色。

　　生态习性　喜光，喜温暖湿润气候，耐寒冷，耐干旱瘠薄，不耐积水，耐轻盐碱，耐修剪。喜深厚、湿润、肥沃的沙壤土。对有毒气体抗性很强。

　　自然分布　在我国广泛栽培。

　　园林应用　常对植于门庭入口两侧，列植于路旁，或植于建筑物前、草坪上。果实可吸引鸟类，构成鸟语花香的自然景观。

117

桑

Morus alba

- 科属　桑科桑属
- 别名　桑树
- 花期　4 ~ 5月
- 果期　5 ~ 8月
- 高度　3 ~ 10米

👁 识 别 要 点

　　叶卵形或广卵形，长5 ~ 15厘米，宽5 ~ 12厘米，秋季变色。花单性，与叶同时生出；雄花序下垂，长2 ~ 3.5厘米；雌花序长1 ~ 2厘米。聚花果卵状椭圆形，长1 ~ 2.5厘米，成熟时红色或暗紫色。

生态习性　喜温暖湿润气候，耐寒，耐旱，耐瘠薄，不择土壤。

自然分布　原产我国中部和北部，现由东北至西南各地，西北直至新疆均有栽培。

园林应用　多应用于四旁绿化。

毛梾

Cornus walteri

- 科属　山茱萸科梾木属
- 别名　黑椋子、小六谷
- 花期　5～6月
- 果期　9～10月
- 高度　6～15米

识别要点

　　树皮暗灰色，常纵裂成长条。小枝紫红色，有时黄绿色。单叶对生，叶卵形至椭圆形，侧脉4～5对弧形上弯，两面有柔毛，全缘。花两性，白色，有香味，聚伞花序顶生。核果近球形，熟时黑色。

生态习性　喜光，耐寒冷，较耐干旱瘠薄，对土壤要求不严。深根性，根系发达，萌芽力强，寿命长。

自然分布　生于海拔300～1 800米杂木林或密林下。分布于辽宁、山东、河北、河南、陕西、甘肃及华中、华南、西南等地。

园林应用　可作庭荫树、行道树、独赏树，是园林生产相结合的优良树种。

119

山茱萸

Cornus officinalis

- 科属　山茱萸科山茱萸属
- 别名　药枣、枣皮
- 花期　5 ～ 6 月
- 果期　8 ～ 10 月
- 高度　4 ～ 10 米

◎ 识 别 要 点

　　树皮灰色，条状浅裂。老枝黑褐色，嫩枝绿色。单叶对生，叶卵状椭圆形，先端渐尖，侧脉 6 ～ 8 对弧形上弯，两面有毛，背面脉腋有黄褐色簇毛，全缘。花两性或杂性，黄色，伞形花序，具 4 枚总苞。核果椭圆形，红色。

生态习性　喜光，耐半阴，喜温暖湿润气候，较耐寒冷，耐干旱。

自然分布　产山西、陕西、甘肃、山东、江苏、浙江、安徽、江西、河南、湖南等地。生于海拔 400 ～ 1 500 米，稀达 2 100 米的林缘或森林中。

园林应用　适于在自然风景区中丛植。

120

金叶水杉

Metasequoia glyptostroboides 'GoldRush'

● **科属** 杉科水杉属

● **花期** 3月下旬

● **果期** 11月

● **高度** 10米

👁 识别要点

树干基常膨大，大枝轮生，小枝对生，幼树树冠尖塔形，老树树冠广圆头形。枝斜展，小枝下垂，叶条形，羽状排列，长0.8 ~ 3.5厘米，宽1 ~ 2.5毫米，金黄色。

生态习性 喜温暖湿润气候，略耐寒，不耐旱，不耐瘠薄，喜深厚肥沃土壤。

自然分布 栽培品种，在我国分布于华北、华南、华东等地区。

园林应用 是一种非常美丽的彩叶树种，可用于道路绿化，庭荫树和四旁绿化等。

水杉

Metasequoia glyptostroboides

- **科属**　杉科水杉属
- **别名**　梳子杉、水松
- **花期**　2月
- **果期**　11月
- **高度**　35米

◉识别要点

　　树形高大，呈圆锥形。树干基部常膨大。小枝对生，下垂。叶蓝绿色，秋季变为黄色、红色，线形，交互对生，假二列成羽状复叶状，长1～1.7厘米，下面两侧有4～8条气孔线。雌雄同株。球果下垂，近球形，微具4棱。

生态习性　喜光，较耐寒，耐旱，耐水湿，生长速度快。

自然分布　分布于四川、湖北、湖南等地，生于海拔750～1 500米的气候温和、夏秋多雨、酸性黄壤土地区。现作为观赏植物广泛栽培。

园林应用　在园林中可孤植为庭院或草坪中的主景树，树冠呈塔状圆锥形，颇显大气壮观之美。水杉在园林中的利用形式很多，片植、群植和列植均可。

122

小叶榄仁
Terminalia mantaly

- **科属** 使君子科诃子属
- **别名** 雨伞树、细叶榄仁
- **花期** 3～6月
- **果期** 7～9月
- **高度** 10～15米

👁 识别要点

　　主干直立，侧枝轮生呈水平展开，树冠层伞形，层次分明，质感轻细。叶小，长3～8厘米，宽2～3厘米，提琴状倒卵形，全缘。穗状花序腋生，花两性花柱单生伸出，花多数，绿或白色，长约1厘米。核果纺锤形。

生态习性 抗风，耐盐，为优良的海岸树种，生长迅速，不拘土质，但以肥沃的沙质土壤为最佳。喜高温多湿。

自然分布 原产非洲，首先引入我国台湾，现分布于广东、香港、台湾、广西等地。

园林应用 用作行道树、景观树，孤植、列植或群植皆可，是我国南方地区极具观赏价值的园林绿化树种和海岸树种。

123

君迁子

Diospyros lotus L

- 科属　柿科柿属
- 别名　黑枣、软枣、丁香柿
- 花期　5～6月
- 果期　10～11月
- 高度　30米

◉识别要点

　　叶近膜质，椭圆形至长椭圆形；花冠壶形，带红色或淡黄色，果近球形或椭圆形，熟时蓝黑色。

　　生态习性　阳性树种，较耐寒，喜肥沃、排水良好的土壤，生长速度快。

　　自然分布　产山东、辽宁、河南、河北、山西、陕西、甘肃、江苏、浙江、安徽、江西、湖南、湖北、贵州、四川、云南、西藏等地。

　　园林应用　可用作行道树，也可应用于街头绿地、小游园、小区、公园、风景林等，采用孤植、片植和群植的配置方式。

柿

Diospyros kaki

- **科属** 柿科柿属
- **别名** 猴枣、山柿
- **花期** 5～6月
- **果期** 9～10月
- **高度** 10～14米

 识 别 要 点

树冠球形或长圆球形。花冠钟状，黄白色。果形有多种形状，呈黄色、橙黄色。

生态习性 阳性树种，较耐寒，喜肥沃、排水良好的土壤，耐旱，耐贫瘠。

自然分布 原产我国长江流域，现在辽宁、甘肃、北京、四川、云南，台湾等地有栽培。

园林应用 多用于庭院内、草坪边缘、岩石及建筑物前，可采用对植、片植和群植的配置方式。

125

枳椇

Hovenia acerba

- ● 科属　鼠李科枳椇属
- ● 别名　拐枣、鸡爪树
- ● 花期　5～7月
- ● 果期　8～10月
- ● 高度　10～25米

识别要点

　　叶互生，厚纸质至纸质，宽卵形、椭圆状卵形或心形。二歧式聚伞圆锥花序，顶生和腋生。果序轴明显膨大。

　生态习性　喜光树种，喜温暖湿润的气候，对土壤要求不严。

　自然分布　产甘肃、陕西、河南、安徽、江苏、浙江、江西、福建、广东、广西、湖南、湖北、四川、云南、贵州。

　园林应用　可作为行道树进行栽培，也可应用于街头绿地、小游园和公园等处，采用对植、片植和群植的配置方式，赏其群体景观之美。

华北落叶松

Larix gmelinii var. principisrupprechtii

● 科属　松科落叶松属

● 别名　落叶松、雾灵落叶松

● 花期　4～5月

● 果期　9～10月

● 高度　30米

👁 识别要点

　　树冠圆锥形。树皮暗灰褐色，块状脱落。大枝平展，有长枝和短枝，小枝淡褐黄或淡褐色。叶窄条形，柔软，扁平，长枝上螺旋状互生，短枝上簇生。球花单性同株。球果卵圆形，熟时淡褐色；苞鳞短，不露出。种子有翅。

生态习性　喜光，耐寒，对土壤适应性强，喜深厚、湿润、排水良好的酸性或中性土壤，略耐盐碱，有一定的耐湿和耐旱能力。

自然分布　我国特产，为华北地区高山针叶林带中的主要森林树种。

园林应用　适合于较高海拔地区栽植应用。

127

白杜

Euonymus maackii

- 科属　卫矛科卫矛属
- 别名　桃叶卫矛、明开夜合
- 花期　5～6月
- 果期　9～11月
- 高度　6米

👁️ 识别要点

　　叶卵状椭圆形、卵圆形或窄椭圆形。聚伞花序，3至多花，花瓣4，淡白绿色或黄绿色，直径约8毫米，雄蕊、花药紫红色，花丝细长，长1～2毫米。蒴果倒圆心状，成熟后果皮粉红色。

生态习性 阳性树种，幼树略耐阴，耐寒，耐旱，喜肥沃、排水良好的土壤。

自然分布 除陕西、西南和两广未见野生外，其他各地均有分布，长江以南常以栽培为主。

园林应用 可用作行道树来进行利用，也可应用于街头绿地、小游园和公园等处，采用对植、片植、列植和群植的配置方式，来观赏秋日红果。

Koelreuteria bipinnata

复羽叶栾树

- ● 科属　无患子科栾树属
- ● 别名　灯笼花、风吹果
- ● 花期　6～8月
- ● 果期　9～10月
- ● 高度　20余米

👁 识别要点

枝具小疣点。二回羽状复叶，小叶互生，新叶嫩红色。聚伞圆锥花序长25～40厘米；花黄色，稍芬芳。蒴果，圆锥形。

生态习性 阳性树种，较耐寒，喜肥沃、排水良好的土壤，耐干旱瘠薄，忌水淹。

自然分布 产云南、贵州、四川、湖北、湖南、广西、广东等地。生于海拔400～2 500米的山地疏林中。

园林应用 可作为行道树栽培，也可应用于街头绿地、小游园和公园等处，采用对植、片植、列植和群植的配置方式。或在风景林内进行种植，赏其秋季黄花及红艳蒴果。

梧桐

Firmiana simplex

- ● **科属** 梧桐科梧桐属
- ● **别名** 青桐、九层皮
- ● **花期** 6月
- ● **果期** 10～11月
- ● **高度** 16米

👁 **识 别 要 点**

　　树皮青绿色，平滑。叶心形，掌状3～5裂，圆锥花序顶生，长20～50厘米，花淡黄绿色。蓇葖果膜质，有柄，成熟前开裂成叶状。

生态习性 阳性树种，喜温暖湿润气候，不耐寒，喜肥沃、排水良好的土壤。

自然分布 产我国南北各省，从广东、海南至华北均产之。多为人工栽培。

园林应用 "孤桐北窗外，高枝百尺余。叶生既婀娜，落叶更扶疏。"是把梧桐作为庭院观赏树种的有力佐证。明代梧桐树常栽植在庭前、窗前、门侧、行道旁。现代也将其应用于街头绿地、小游园和公园等处，采用对植、片植和群植的配置方式。

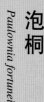

泡桐

Paulownia fortunei

● **科属** 玄参科泡桐属

● **别名** 白花泡桐、大果泡桐

● **花期** 3 ～ 4 月

● **果期** 9 ～ 10 月

● **高度** 30 米

👁 识别要点

　　树冠圆锥形。树干通直，树皮灰褐色。幼枝、叶、花序各部和幼果均被黄褐色星状茸毛，但叶柄、叶片上面和花梗渐变无毛。叶片硕大，呈心状卵圆形至心状长卵形。长约25厘米；花管状漏斗形，白色或淡紫色，内有紫色斑点，有香气。蒴果，椭圆形。

生态习性 阳性树种，不耐阴，耐寒性强，耐旱，对土质要求不严。

自然分布 分布于安徽、浙江、福建、台湾、江西、湖北、湖南、四川、云南、贵州、广东、广西，野生或栽培。

园林应用 可用作行道树，也可应用于街头绿地、居民小区和公园等处，采用孤植、对植、片植和群植的配置方式。

楸叶泡桐

Paulownia catalpifolia

- **科属**　玄参科泡桐属
- **别名**　山东泡桐、小叶泡桐
- **花期**　4月
- **果期**　7～8月
- **高度**　20米

◉ 识别要点

树冠为高大圆锥形，树干通直。叶片硕大，呈长卵状心脏形。花冠浅紫色。

生态习性　阳性树种，不耐阴，耐寒性强，耐旱，对土质要求不严。

自然分布　分布于山东、河北、山西、河南、陕西，通常栽培，太行山区有野生。

园林应用　可用作行道树，也可应用于街头绿地、居民小区和公园等处，采用孤植、对植、片植和群植的配置方式。

二球悬铃木

Platanus acerifolia

- 科属　悬铃木科悬铃木属
- 别名　英国梧桐、法桐
- 花期　4 ~ 5 月
- 果期　10 ~ 11 月
- 高度　30 余米

👁 识别要点

树皮光滑，大片块状脱落。叶阔卵形，宽 12 ~ 25 厘米，长 10 ~ 24 厘米；掌状脉 3 条，稀为 5 条。果枝有头状果序 1 ~ 2 个，稀为 3 个，常下垂。

生态习性　阳性树种，喜湿润温暖气候，较耐寒，适生于微酸性或中性、排水良好的土壤。

自然分布　本种是三球悬铃木 *P. orientalis* 与一球悬铃木 *P. occidentalis* 的杂交种，久经栽培，我国东北、华中及华南均有引种。

园林应用　主要用作行道树，也可片植和孤植。

133

Platanus occidentalis

一球悬铃木

- ● **科属** 悬铃木科悬铃木属
- ● **别名** 美国梧桐
- ● **花期** 4～5月
- ● **果期** 10～11月
- ● **高度** 30米

识别要点

老树树皮不剥落，或者少部分剥落，次级树干树皮大片块状脱落。叶阔卵形，宽12～25厘米，长10～24厘米；掌状脉3条，稀为5条。果枝有头状果序1个，稀为2个，常下垂。

生态习性 阳性树种，喜光，耐寒，耐旱，耐贫瘠。

自然分布 原产美国，在华北地区栽培较多。

园林应用 主要用作行道树，也可用于营造风景林。

垂柳

Salix babylonica

● **科属**　杨柳科柳属

● **别名**　水柳、清明柳

● **花期**　3～4月

● **果期**　4～5月

● **高度**　12～18米

◎ 识 别 要 点

　　树冠开展而疏散。树皮灰黑色，不规则开裂；枝细，柔软下垂，淡褐黄色、淡褐色或带紫色。叶狭披针形或线状披针形上面绿色，下面色较淡。

生态习性　阳性树种。耐水湿，也耐高温，能常年生长在浅水处。

自然分布　产长江流域与黄河流域，其他各地均栽培。

园林应用　适于河岸、湖边绿化，自古就有"桃红柳绿"的经典园林配置，但在今天看来，两者搭配的短期效果明显，长期利用不宜用此种配置方式，因桃树喜排水良好，畏涝。此外，还多作为行道树、庭荫树来进行园林应用。

旱柳

Salix matsudana

- **科属** 杨柳科柳属
- **别名** 杨柳、江柳
- **花期** 4月
- **果期** 4～5月
- **高度** 18米

👁 识别要点

　　树冠广圆形。枝细长，直立或斜展。叶披针形。花序与叶同时开放。雄花序圆柱形，长1.5～2.5厘米；雌花序较雄花序短，长达2厘米；花黄绿色。果序长约2厘米，蒴果，2瓣裂。

生态习性 阳性树种，耐寒、耐旱、耐湿，肥沃、排水良好的土壤。

自然分布 产东北、华北平原、西北黄土高原，西至甘肃、青海，南至淮河流域以及浙江、江苏，为平原地区常见树种。

园林应用 可用作行道树，也可用于公园绿地和池湖溪畔等处，采用孤植、对植、列植和群植等多种配置方式，皆有较好的观赏效果。

龙须柳

Salix matsudana 'Tortuosa'

- 科属　杨柳科柳属
- 别名　龙爪柳
- 花期　4月
- 果期　4 ~ 5月
- 高度　6 ~ 7米

👁 识别要点

　　树冠广圆形。枝细长，常卷曲下垂。枝条黄色，叶披针形，下面苍白色带白色；叶柄短，长5 ~ 8毫米。雄花序圆柱形；雌花序较雄花序短，长达2厘米。果序长达2厘米，蒴果。

生态习性 喜光，喜湿，耐寒，耐旱，对土壤要求不严。

自然分布 在我国广泛栽培。

园林应用 多用于公园水边绿化、庭院角隅等处。

137

馒头柳

Salix matsudana f.umbraculifera

- **科属** 杨柳科柳属
- **花期** 4月
- **果期** 4～5月
- **高度** 7米

识别要点

树冠顶梢整齐，形成半圆形树冠，状如馒头。分枝密，枝细长，叶片披针形，叶面绿色，背面苍白色，花序和叶片同时开放；雄花序圆柱形；雌花序短。

生态习性 喜光，喜温凉气候，耐污染，速生，耐寒，耐湿，耐旱。

自然分布 同旱柳。

园林应用 多应用于道路、庭院和各类绿地。

银白杨

Populus alba

- **科属** 杨柳科杨属
- **花期** 4～5月
- **果期** 5月
- **高度** 30米

👁 识 别 要 点

　　树干不直，雌株更歪斜；树冠宽阔。树皮白色至灰白色，平滑。芽卵圆形，密被白茸毛。叶卵圆形，掌状3～5浅裂，初时两面被白茸毛，成熟后上面光滑，下面被白色茸毛。

生态习性 深根性，耐旱，耐寒，不择土壤。

自然分布 辽宁南部、山东、河南、河北、山西、陕西、宁夏、甘肃、青海等地有栽培，仅新疆（额尔齐斯河）有野生。

园林应用 用于行道树和郊野公园。

139

银杏

Ginkgo biloba

- ● **科属** 银杏科银杏属
- ● **别名** 白果、公孙树、飞蛾叶
- ● **花期** 4月
- ● **果期** 9～10月
- ● **高度** 40米

识别要点

　　幼树树皮淡灰褐色，浅纵裂；大树树皮灰褐色，深纵裂。幼年及壮年树冠圆锥形，老则广卵形。枝近轮生，斜上伸叶片扇形。叶脉二叉状，叶片先端全缘或两裂；在长枝上互生，在短枝上簇生。种子核果状，被白粉，熟时黄色。

生态习性 幼树稍耐阴，成年树喜光。喜深厚、肥沃土壤，不耐盐碱。

自然分布 我国特产，仅浙江天目山有野生状态的树木，各地广泛栽培。

园林应用 银杏自古即为园林佳木，多被古人赞誉，"风韵雍容未甚都，尊前甘橘可为奴"即是银杏地位的真实写照。作为我国五大庭院树种之一，宜在庭院和绿地中孤植，作为主景树来栽培，展示其伟岸雄姿；亦可在作为行道树来进行观赏，展现这一古老孑遗植物的群体之美，也更能展示其秋季叶色。

大叶朴

Celtis koraiensis

- 科属 榆科朴属
- 花期 4 ~ 5月
- 果期 9 ~ 10月
- 高度 15 米

识别要点

　　树皮灰色，稍有开裂。叶椭圆形至倒卵状椭圆形，长7 ~ 12厘米（连尾尖），宽3.5 ~ 10厘米，基部稍不对称，先端具尾状长尖，长尖常由平截状先端伸出，边缘具粗锯齿，两面无毛。果单生叶腋，果梗长1.5 ~ 2.5厘米，果近球形至球状椭圆形，直径约12毫米，成熟时橙黄色至深褐色。

生态习性 耐干旱，喜光。

自然分布 产辽宁（沈阳以南）、河北、山东、安徽北部、山西南部、河南西部、陕西南部和甘肃东部。多生于山坡、沟谷林中，海拔100 ~ 1 500米。

园林应用 可用作行道树，也可栽培于公园，孤植、片植均可。

榔榆

Ulmus parvifolia

- **科属** 榆科榆属
- **别名** 小叶榆、秋榆
- **花期** 8 ~ 10 月
- **果期** 8 ~ 10 月
- **高度** 12 ~ 15 米

识别要点

　　树冠广圆形。树皮有薄鳞片状脱落，呈灰色、绿色、棕色或橘黄色。叶较小而厚，皮革状，卵状椭圆形至倒卵形，长2 ~ 5厘米，单锯齿，秋叶变红。花簇生叶腋。翅果长椭圆形或卵形，较小。

　　生态习性 喜光，喜温暖气候，耐干旱，不择土壤，但在肥沃、排水良好的中性土壤生长更好。

　　自然分布 分布于河北、山东、江苏、安徽、浙江、福建、台湾、江西、广东、广西、湖南、湖北、贵州、四川等地。生于平原、丘陵、山坡及谷地。

　　园林应用 多用于行道树种植，也可用于孤植和群植。利用其树干斑驳的特点，在池畔、假山等处进行配置。

朴树
Celtis sinensis

- **科属** 榆科朴属
- **别名** 黄果朴、千层皮
- **花期** 3～4月
- **果期** 9～10月
- **高度** 30米

识别要点

　　树皮灰白色至灰褐色。叶多为卵形或卵状椭圆形，基部几乎不偏斜或仅稍偏斜，先端尖至渐尖，但不为尾状渐尖。果较小，直径5～7毫米，球形，橙红色。

生态习性 幼树稍耐阴，成年树喜光。喜深厚肥沃土壤，是石灰岩地区指示植物，耐轻度盐碱，耐高温，不耐水湿。

自然分布 产山东、河南、江苏、安徽、浙江、福建、江西、湖南、湖北、四川、贵州、广西、广东、台湾。多生于路旁、山坡、林缘，海拔100～1 500米。

园林应用 目前主要作为庭荫树来进行栽培。在公园和绿地也有作为孤植树来进行应用，以展现朴树的高大古雅。在风景林中，可以用片植和群植的形式，来表现朴树的自然野趣。

榆树

Ulmus pumila

- **科属** 榆科榆属
- **别名** 钻天榆、钱榆
- **花期** 3～6月
- **果期** 3～6月
- **高度** 25米

识别要点

　　幼树树皮平滑，灰褐色或浅灰色；大树树皮暗灰色，不规则深纵裂。翅果近圆形。叶椭圆状卵形、长卵形、椭圆状披针形或卵状披针形。花先叶开放，在去年生枝的叶腋成簇生状。翅果近圆形，稀倒卵状圆形，长1.2～2厘米。

生态习性 阳性树种，耐旱，耐寒，耐瘠薄，不择土壤。

自然分布 分布于东北、华北、西北及西南各地。

园林应用 可作庭荫树、行道树、造林树种在城市公园绿地和风景林中加以应用。

144

檫木

Sassafras tzumu

- ● 科属　樟科檫木属
- ● 别名　南树、山檫
- ● 花期　2～3月
- ● 果期　7～8月
- ● 高度　35米

👁 识别要点

　　树冠广卵形或椭球形。树皮幼时绿色不裂，老时深灰色，不规则纵裂。小枝绿色，无毛。叶片硕大，多集生枝端，卵形，全缘或常3裂，背面有白粉，秋季变色。花在叶前开，放花黄色，有香气。果熟时蓝黑色，外被白粉，果柄红色。

生态习性 喜光，不耐阴，喜温暖湿润气候及深厚而排水良好之酸性土壤，深根性，萌芽力强。

自然分布 产浙江、江苏、安徽、江西、福建、广东、广西、湖南、湖北、四川、贵州及云南等地。常生于疏林或密林中，海拔150～1900米。

园林应用 园林中常作庭荫树、行道树，或营造大面积风景林。

吊瓜树

Kigelia africana

● **科属** 紫葳科蓝花楹属

● **别名** 吊灯树、腊肠树

● **花期** 4 ~ 5月

● **果期** 9 ~ 10月

● **高度** 13 ~ 20米

◉识别要点

　　奇数羽状复叶，小叶7 ~ 9枚，长圆形或倒卵形，全缘，叶面光滑，亮绿色，背面淡绿色，被微柔毛，近革质，羽状脉明显。圆锥花序生于小枝顶端，花序轴下垂，长50 ~ 100厘米；花稀疏，6 ~ 10朵；花萼钟状，革质；花冠橘黄色或褐红色。果下垂，圆柱形，长约38厘米。

生态习性 喜温暖湿润气候，耐干旱，耐瘠薄。

自然分布 原产西非，我国广东、海南、广西、云南等地已先后引种成功。

园林应用 可作公园的行道树，也可孤植成景。在华南植物园温室大草坪与城市景观园交界处的"吊瓜树路"，及中心大草坪百花广场的吊瓜树，都是游人喜欢的景观之一。

黄钟木

Tabebuia chrysantha

- ● **科属** 紫葳科风铃木属
- ● **别名** 黄花风铃木
- ● **花期** 3～4月
- ● **果期** 6～7月
- ● **高度** 5米

👁 识别要点

　　树皮有深刻裂纹。掌状复叶。圆锥花序，顶生，花两性，萼筒管状，花冠金黄色，漏斗形，花缘皱曲，先花后叶。果实为蒴葵果，种子具翅。

　　生态习性 喜高温，生长适温23～30℃，最低温度5℃，不耐寒，在我国仅适合热带、亚热带地区栽培。

　　自然分布 原产墨西哥、中美洲、南美洲，1997年前中国自南美巴拉圭引进栽种。

　　园林应用 可在园林、庭院、公路、风景区的草坪、水塘边作遮荫树或行道树，适合孤植或列植。

蓝花楹

Jacaranda mimosifolia

- ● 科属　紫葳科蓝花楹属
- ● 别名　蓝雾树、紫云木
- ● 花期　4～5月
- ● 果期　11月
- ● 高度　10米

识别要点

　　树冠广卵形。二回羽状复叶，羽片在16对以上，每一羽片有小叶14～24对，小叶长约6毫米，叶细致，甚为优美。圆锥花序，枝端着生，大形，长达20厘米，分散，花多至90朵，甚为艳丽，花钟形，淡蓝色，花冠管长，微弯，上部膨大。蒴果，圆形稍扁，褐色。

生态习性　喜温暖、潮湿、阳光充足，要求土壤湿润、肥沃。

自然分布　原产巴西，我国南方栽培甚多。福建地区栽培一年可开两次花。

园林应用　南方常作行道树、遮荫树或风景树栽培。寒冷地区需温室盆栽，幼龄供观赏，越冬温度需在15℃以上。

148

楸树

Catalpa bungei

- **科属** 紫葳科梓属
- **别名** 花楸、黄楸
- **花期** 5～6月
- **果期** 6～10月
- **高度** 8～12米

👁 识别要点

叶三角状卵形或卵状长圆形。花冠淡红色，内面具有2黄色条纹及暗紫色斑点。

生态习性 阳性树种，较耐寒，喜肥沃、排水良好的土壤。

自然分布 产河北、河南、山东、山西、陕西、甘肃、江苏、浙江、湖南。

园林应用 可作行道树来进行应用。也可栽培在庭院、公园、草坪边缘、岩石及建筑物前，采用孤植、对植和群植的配置方式。

梓树

Catalpa ovata

● **科属** 紫葳科梓属

● **别名** 水桐、黄花楸

● **花期** 4月

● **果期** 9～10月

● **高度** 15米

识别要点

　　树冠伞形，主干通直。叶片硕大，对生或近于对生，有时轮生。花冠钟状，淡黄色花筒内部有橘黄色纹及紫色斑点。蒴果线形，下垂，长20～30厘米。

生态习性 阳性树种，能耐寒冷，适于温带地区，忌炎热气候。要求土层深厚、肥沃、湿润的土壤。

自然分布 产我国长江流域及以北地区。

园林应用 可作为行道树，也可应用于街头绿地、庭院、居民小区和公园等处，采用孤植、对植、列植和群植的配置方式。

150

PART

3

常绿灌木

铺地柏

Sabina procumbens

- **科属** 柏科圆柏属
- **别名** 爬地柏、铺地龙
- **花期** 3～5月
- **果期** 9～11月
- **高度** 75厘米

识别要点

常绿匍匐灌木，枝条延地面扩展。小枝密生，叶均为刺形，3叶交叉轮生，叶上面有2条白色气孔线，下面基部有2白色斑点，叶长6～8毫米。球果近球形，被白粉，成熟时黑色，径8～9毫米。

生态习性 喜光，稍耐阴，耐寒力、萌生力均较强，对土壤要求不严。

自然分布 原产日本，现在我国广泛栽培。

园林应用 是良好的地被植物及花境配置植物，可配植于岩石园或草坪角隅。

洒金千头柏

Platycladus orientalis 'Sieboldii'

- **科属**　柏科侧柏属
- **花期**　3 ~ 4月
- **果期**　10月
- **高度**　1.5米

👁️ 识别要点

　　短生密丛，树冠圆球至圆卵形。叶淡黄绿色，入冬略转褐色。雄球花黄色，卵圆形；雌球花近球形，蓝绿色，被白粉。球果近卵圆形，成熟前近肉质，蓝绿色，被白粉，成熟后木质，开裂，红褐色。

生态习性　喜光，幼时稍耐阴，自然分布强，对土壤要求不严，在酸性、中性、石灰性和轻盐碱土壤中均可生长。耐干旱瘠薄，萌芽能力强，耐寒力一般。

自然分布　栽培品种，应用广泛。

园林应用　配植于草坪、花坛、山石、林下，可增加绿化层次，丰富观赏美感。可在市区街心、路旁种植，生长良好，不碍视线，吸附尘埃，净化空气。也可丛植于窗下、门旁，极具点缀效果。

红背桂花

Excoecaria cochinchinensis

- 科属　大戟科海漆属
- 别名　红背桂、青紫木
- 花期　全年
- 高度　1 ~ 2米

◉ 识别要点

　　枝无毛，具多数皮孔。叶对生，纸质，叶片狭椭圆形或长圆形，长6 ~ 14厘米，宽1.2 ~ 4厘米，顶端长渐尖，基部渐狭，边缘有疏细齿，腹面绿色，背面紫红或血红色。花单性，雌雄异株，穗状花序，小花淡黄色。蒴果不常见。花期几乎全年。

　　生态习性　热带植物。喜温暖湿润，能耐半阴，不耐寒，忌曝晒，喜肥沃沙壤土。生长适温15 ~ 25℃，冬季温度不低于5℃。忌阳光曝晒，夏季放在阴处，可保持叶色浓绿。

　　自然分布　原产我国广东、广西及越南，我国台湾、广东、广西、云南等地普遍栽培。

　　园林应用　在我国长江流域以及以南地区常用作盆栽，也可以植于庭院、屋隅、墙旁以及阶下等处。

金刚纂

Euphorbia neriifolia

- **科属** 大戟科大戟属
- **别名** 霸王鞭
- **花期** 6～9月
- **果期** 10月
- **高度** 3～5米

👁 识别要点

肉质灌木状小乔木，乳汁丰富。茎圆柱状，上部多分枝，具不明显5条隆起、且呈螺旋状旋转排列的脊，绿色；髓近五棱形，糠质。叶互生，少而稀疏，肉质，常呈五列生于嫩枝顶端脊上，倒卵形、倒卵状长圆形至匙形，托叶刺状。杯状花序，3枚簇生或单生，总花梗短而粗，生于翅的凹陷处。蒴果和种子不详。

生态习性 喜高温气候，喜光照，喜排水良好的沙壤土，耐干旱。

自然分布 原产于印度，在我国广泛栽培。

园林应用 南方可作庭院树栽培，或作篱笆，也可盆栽。

枸骨

Ilex cornuta

- 科属　冬青科冬青属
- 别名　猫儿刺、鸟不宿
- 花期　4～5月
- 果期　10～12月
- 高度　1～3米

◉ 识别要点

　　树冠密集，圆球状。叶片厚革质，四角状长圆形或卵形，长4～9厘米，宽2～4厘米，灰绿色，有刺。花序簇生于二年生枝的叶腋内，淡黄色。浆果球形，直径8～10毫米，成熟时鲜红色。

生态习性　喜阳光，也耐阴。喜排水良好的肥沃壤土，在酸性土中生长良好，不耐盐碱和瘠薄，耐旱。生长缓慢，但小枝的萌发力强，耐修剪，适合盆栽造型。

自然分布　产我国长江中下游各省，现各地庭院常有栽培。

园林应用　宜作基础种植及岩石园材料，也可孤植于花坛中心、对植于前庭、路口，或丛植于草坪边缘。同时又是很好的绿篱(兼有果篱、刺篱的效果)及盆栽材料，选其老桩制作盆景也饶有风趣。果枝可供瓶插，经久不凋。

156

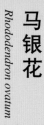

马银花

Rhododendron ovatum

● **科属** 杜鹃花科杜鹃属

● **别名** 清明花

● **花期** 4～5月

● **果期** 7～10月

● **高度** 2～4米

👁 识别要点

　　小枝灰褐色，轮伞状分枝。叶革质，卵形或椭圆状卵形。花芽圆锥状，具鳞片数枚。花单生枝顶叶腋，花冠淡紫色，宽漏斗形，5裂，上方裂片内面有紫色斑点。蒴果阔卵球形，径6毫米，密被灰褐色短柔毛，且被增大而宿存的花萼所包围。

生态习性 中性偏阳树种，幼树耐阴。喜温暖湿润气候，忌酷热干燥，适生于富含腐殖质、疏松、湿润的酸性土壤。能耐干旱瘠薄，耐修剪。

自然分布 分布于我国长江流域以南地区，生于海拔1 000米以下的灌丛中。

园林应用 山地水土保持林、水源涵养林、风景林造林下层混交树种。适作风景区、公园、庭院观赏树种，多栽于林缘、溪边、岩石旁。此外，马银花还是做花篱的良好材料。

海桐

Pittosporum tobira

- 科属　海桐花科海桐花属
- 别名　海桐花、山矾
- 花期　4～5月
- 果期　9～10月
- 高度　3～5米

识别要点

　　树冠球形。叶聚生于枝顶，二年生，革质，倒卵形或倒卵状披针形。花白色，有芳香，后变黄色，花瓣倒披针形。蒴果圆球形，有棱或呈三角形，直径12毫米。

　　生态习性　喜光，略耐阴。喜温暖湿润气候，有一定抗寒、抗旱能力。喜湿润肥沃土壤，耐轻微盐碱，能抗风防潮。萌芽力强，耐修剪。

　　自然分布　我国东南沿海及长江流域广为栽培。

　　园林应用　作花坛、绿篱，宜在建筑物四周孤植，或在草坪旁边丛植，也可修剪成球形，植于花坛、树坛、假山旁。也是海岸防潮林及防风林的优良树种。

富贵草

Pachysandra terminalis

- **科属** 黄杨科板凳果属
- **别名** 吉祥草、转筋草
- **花期** 6 ~ 7月
- **果期** 11月
- **高度** 20 ~ 30厘米

👁 识别要点

　　茎稍粗壮，被极细毛，下部根茎状，长约30厘米，横卧，屈曲或斜上，布满长须状不定根，上部直立。花序顶生，花白色。果实板凳状。

生态习性 喜温暖凉爽气候，耐寒，耐阴。

自然分布 产甘肃、陕西、四州、湖北、浙江等地，生于山区林下阴湿地。

园林应用 适合布置模纹图案，种植在花境和花坛边缘。也可应用于岩石园，公园林木之下。

159

黄杨

Buxus sinica

- **科属** 黄杨科黄杨属
- **别名** 山黄杨、小叶黄杨
- **花期** 3 ~ 4月
- **果期** 8 ~ 9月
- **高度** 1 ~ 6米

 **识别要点**

　　枝圆柱形，有纵棱，灰白色。叶对生，革质，椭圆形或倒卵形。花多在枝顶簇生，花淡黄绿色，没有花瓣，有香气。

生态习性 喜光，喜肥沃湿润土壤，耐寒，耐旱。

自然分布 产陕西、甘肃、湖北、四川、贵州、广西、广东、江西、浙江、安徽、江苏、山东各地。

园林应用 常作绿篱、大型花坛镶边，也多修剪成球形或其他造型栽培，应用于各类园林绿地。

160

黄槿

Hibiscus tiliaceus

- 科属　锦葵科木槿属
- 别名　万年春、九重皮
- 花期　6 ~ 10月
- 果期　6 ~ 10月
- 高度　4 ~ 10米

识别要点

　　树皮灰白色，叶革质，近圆形上面绿色，下面灰白色，密生星状茸毛。花顶生或腋生，黄色，中心暗紫色，直径6 ~ 7厘米，常数花排成聚伞花序。蒴果卵圆形。

生态习性　喜光，喜温暖湿润气候，适应性强，强抗盐，抗重金属能力强，耐干旱和瘠薄，对土质要求不严。

自然分布　生于热带至温带的海滨、岛屿，在我国广东、海南、广西、福建和台湾等地均有分布。

园林应用　海岸防潮、防沙、防风的优良树种，在海岸带群植作防风固沙林。是优良庭院观赏树和行道树，也可盆栽观赏。

161

米兰

Aglaia odorata

- 科属　楝科米仔兰属
- 别名　珠兰、鱼仔兰
- 花期　5 ~ 12月
- 果期　7月至翌年3月
- 高度　4 ~ 7米

◉ 识别要点

　　嫩枝常被星状锈色鳞片。奇数羽状复叶互生；小叶3 ~ 5片，倒卵形至长椭圆形，长2 ~ 7厘米，亮绿色。圆锥花序腋生，花黄色，形似小米，芳香。浆果卵形或近球形，黄白色，疏被星状鳞片。

生态习性　喜阳光充足，也耐半阴。喜温暖湿润气候，不耐寒。宜在疏松、富含腐殖质的微酸性壤土或沙壤土上生长。

自然分布　分布广东、广西、台湾、四川、云南等地。

园林应用　主要用作庭院绿化及盆栽。宜盆栽陈列于客厅、书房、门廊。在南方可植于庭院，是极好的绿化观赏花木。

露兜树

Pandanus tectorius

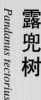

● 科属　露兜树科露兜树属

● 花期　5～6月

● 果期　10～11月

● 高度　4～5米

识别要点

　　干分枝，常具气根。叶带状，长达90厘米，宽5厘米，端尖，螺旋状排列，聚生于枝顶，边缘及叶背中脉均有利刺。雌雄异株，雄花序顶生成簇，稍倒垂，长约50厘米，苞片披针形，渐尖，近白色，雌花无数，有香气，密花丝合生，花药顶端有芒。果实似凤梨。

生态习性　喜光，喜高温、多湿气候，适生海岸沙地。

自然分布　原产亚洲热带，在我国华南各地有分布。

园林应用　非常好的海滨景观及滩涂绿化材料，也适于做围篱、路界和盆栽观赏。

163

冬红

Holmskioldia sanguinea

- **科属**　马鞭草科（唇形科）
  冬红属
- **别名**　阳伞花、帽子花
- **花期**　11月至翌年2月
- **高度**　3～7米

识别要点

　　小枝四棱形，具四槽，被毛。叶对生，膜质，卵形或宽卵形，基部圆形或近平截，叶缘有锯齿，两面均有稀疏毛及腺。聚伞花序，花萼砾红色或橙红色，花冠殊红色，有腺点。果实倒卵形，长约6毫米，4深裂，包藏于宿存、扩大的花萼内。

生态习性　喜光，喜温热及排水良好的环境。

自然分布　原产喜马拉雅。现在我国广东、广西、台湾等南方地区有栽培。

园林应用　热带地区，用于园林绿化，诱引于花架或墙壁上。亚热带、温带地区可作温室盆栽。

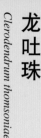

龙吐珠

Clerodendrum thomsoniae

● **科属** 马鞭草科大青属

● **别名** 白萼赬桐

● **花期** 3～5月

● **果期** 4～6月

● **高度** 2～5米

👁️识别要点

　　常绿。茎柔弱木质，四棱形，枝内中髓疏松，干后中空。叶对生，深绿色，卵状矩圆形或卵形，全缘。聚伞花序腋生或顶生，萼片白色后转粉色，花冠顶端5裂，裂片深红色。果肉质，呈蓝色藏于萼片中，种子较大，黑色。

生态习性 喜温暖、湿润和阳光充足，耐半阴，不耐寒。

自然分布 原产西非，在我国深圳、广州、珠海等地应用较多。

园林应用 主要用于廊架、花架等垂直绿化及墙面绿化，可与其他树种搭配造景形成有层次的园林植被景观，也可片植在较为明显的标志景观处、公园入口处等。

紫珠

Callicarpa bodinieri

- 科属 马鞭草科紫珠属
- 别名 珍珠枫、爆竹紫
- 花期 6～7月
- 果期 8～11月
- 高度 2米

◉ 识别要点

小枝、叶柄和花序均被粗糠状星状毛。叶片卵状长椭圆形至椭圆形，长7～18厘米，宽4～7厘米，边缘有细锯齿。聚伞花序，紫色。浆果球形，熟时紫色，无毛，直径约2毫米。

生态习性 喜温暖湿润气候及疏松肥沃土壤，较耐阴，稍耐寒。北京露地越冬，枝梢有时冻枯，但不影响次年开花结果。

自然分布 产江苏、安徽、浙江、湖南、湖北、广东、广西、四川、贵州等地。

园林应用 庭院中美丽的观果灌木，植于草坪边缘、假山旁、常绿树前效果均佳。列植于建筑前、街道两侧绿化带中、园路两旁。良好的乔木林下地被花木，固土美化的同时，丰富了林下景观空间。果枝常作切花。

含笑
Michelia figo

● **科属** 木兰科含笑属

● **别名** 含笑花、笑梅

● **花期** 3～5月

● **果期** 7～8月

● **高度** 2～3米

👁 识别要点

　　树皮灰褐色，分枝繁密。芽、嫩枝、叶柄、花梗均密被黄褐色茸毛。叶革质，狭椭圆形或倒卵状椭圆形。托叶与叶柄合生。花直立，淡黄色，边缘有时红色或紫色，花被片6，具甜浓的芳香，含蕾不全开，故称"含笑花"。聚合果长2～3.5厘米。

生态习性　喜弱阴，不耐曝晒和干燥，喜暖热多湿气候及酸性土壤，不耐石灰质土壤，不耐干燥脊薄。

自然分布　原产华南南部，现长江流域以南各地均有栽培，北方各地多作盆栽。

园林应用　以盆栽为主，庭院造景次之。在园艺用途上主要是栽植2～3米的小型含笑花灌木，作为庭院中备供观赏暨散发香气之植物，适合在公园、小游园、医院、学校等地丛植，也可配植于草坪边缘或疏林下，组成复层混交群落，于建筑入口对植两丛，窗前散植一两株，室内盆栽，开花时芳香清雅。

红茴香

Illicium henryi

- 🔴 **科属** 木兰科八角属
- 🔴 **别名** 红毒茴
- 🔴 **花期** 4～6月
- 🔴 **果期** 8～10月
- 🔴 **高度** 3～8米

👁 识别要点

　　树皮灰褐色至灰白色。芽近卵形。叶互生或2～5片簇生，革质，倒披针形，长披针形或倒卵状椭圆形。花腋生，1～3朵簇生，粉红色。蓇葖果呈星状，先端有长尖喙，熟时红色。种子扁平，黄褐色，具光泽。

生态习性 喜土层深厚、排水良好、腐殖质丰富而疏松的沙壤土。

自然分布 分布于陕西南部、甘肃南部、安徽、江西、福建、河南、湖北、湖南、广东、广西、四川、贵州、云南等地。

园林应用 可作庭院绿化或观赏植物，在水岸、湖石、建筑物旁群植或丛植。

野迎春

Jasminum mesnyi

● **科属** 木樨科素馨属

● **别名** 云南黄素馨、金腰带

● **花期** 11月至翌年8月

● **果期** 3 ~ 5月

● **高度** 0.5 ~ 5米

👁 识别要点

　　枝条下垂。小枝四棱形，具沟，光滑无毛。叶对生，三出复叶或小枝基部具单叶，叶片和小叶片近革质，两面几无毛，叶缘反卷，具睫毛。花通常单生于叶腋，黄色，漏斗状，裂片6 ~ 8枚。浆果，椭圆形。

生态习性 喜温暖湿润气候，稍耐阴，畏严寒，萌蘖力强。

自然分布 产我国四川西南部、贵州、云南，我国各地均有栽培。

园林应用 南方庭院中颇常见，北方则温室盆栽。最宜植于水边驳岸，细枝下垂于水面，倒影清晰，还可遮蔽驳岸平直呆板等不足之处。或植于路缘、坡地及石隙等处均极优美。此外，温室盆栽常编扎成各种形状观赏。

169

银姬小蜡

Ligustrum sinense 'Variegatum'

- 科属　木樨科女贞属
- 别名　花叶女贞
- 花期　11月至翌年8月
- 果期　3～5月
- 高度　20～80厘米

识别要点

叶对生，革质，椭圆形或卵形，叶面银绿色，全缘或不规则波状凹入，并有乳白或乳黄色斑条镶嵌。圆锥花序顶生或腋生，花白色。核果近球形。

生态习性　耐寒，耐旱，耐瘠薄，喜强光，稍耐阴。

自然分布　栽培品种，在我国广泛栽培。

园林应用　主要作为绿篱和球状灌木进行应用，也可在行道树下、路边或配合石景应用，对植、列植和片植均可。

火红萼距花

Cuphea platycentra

- 科属　千屈菜科萼距花属
- 别名　火焰花、雪茄花
- 花期　6～10月
- 高度　30～40厘米

◎识别要点

　　分枝极多，成丛生状，披散，全株无毛或近无毛。叶对生，披针形至卵状披针形，长2.5～6厘米，宽约3厘米。花单生叶腋或近腋生，管状，无花瓣，橙色、黄色和紫蓝色。蒴果。

生态习性　喜光，稍耐阴，不耐寒，耐高温，较抗旱，喜略潮湿、肥沃、排水好的土壤。植株生长迅速，可以阻挡杂草的滋生，具有生态恢复的功能。

自然分布　原产墨西哥，北京有引种。

园林应用　通常与黑心菊、天人菊等配置在园地，组成夏花景观，也可放置在花篮内悬垂观赏。

171

六月雪

Serissa japonica

- **科属**　茜草科白马骨属
- **别名**　白马骨、满天星
- **花期**　5～7月
- **果期**　9～10月
- **高度**　60～90厘米

识别要点

嫩枝绿色有微毛，揉之有臭味，老茎褐色，有明显的皱纹，幼枝细而挺拔，绿色。叶革质，卵形至倒坡针形。花单生或数朵丛生于小枝顶部或腋生，花冠淡红色或白色。小核果近球形。

生态习性　喜温暖气候，喜半阴，稍耐寒、耐旱。喜排水良好、肥沃和湿润疏松的土壤。

自然分布　产江苏、安徽、江西、浙江、福建、广东、香港、广西、四川、云南。

园林应用　用在堂前、假山旁配置或盆栽观赏。还可以用于岩石园和花境的组合造景。

龙船花

Ixora chinensis

- 🔵 **科属** 茜草科龙船花属
- 🔵 **别名** 卖子木、山丹
- 🔵 **花期** 6～10月
- 🔵 **果期** 9月至翌年3月
- 🔵 **高度** 0.8～2厘米

👁 识别要点

全株无毛。小枝初时深褐色，有光泽，老时呈灰色，具线条。叶对生，披针形，长6～13厘米，宽3～4厘米。顶生聚伞花序伞房花序式排列，花序径6～12厘米，花冠高脚碟状，筒细长，红色或黄色。浆果近球形，成熟时红黑色。

生态习性 喜光，也略耐阴，喜温暖湿润气候，喜微酸性或中性沙壤土。

自然分布 产缅甸、马来西亚、印度尼西亚，在我国南方地区有栽培。

园林应用 适合在庭院栽植观赏，可栽于灌丛、林下或在道路边缘布置，也布置在花坛、花境中，适合作花墙、花篱，在北方作盆栽观赏，其花也可作切花材料。

栀子

Gardenia jasminoides

- 科属　茜草科栀子属
- 别名　水横枝、黄果子
- 花期　3～7月
- 果期　5月至翌年2月
- 高度　0.5～2米

👁识别要点

　　枝圆柱形，灰色。叶对生或3叶轮生，革质，长椭圆形或长圆状披针形，托叶鞘状，膜质。花单生枝顶，高脚杯状，白色，芳香。核果，黄色，卵形或长椭圆形，有翅状纵棱5～8条。

　　生态习性　喜温暖湿润气候，喜光，但耐强光照射，喜疏松、肥沃、排水良好、轻黏性的酸性土壤。抗有害气体能力力强，萌芽力强，耐修剪。

　　自然分布　产山东、江苏、安徽、江西、福建等地，生于海拔10～1 500米处的旷野、丘陵、山谷、山坡、溪边的灌丛或林中。

　　园林应用　适用于阶前、池畔和路旁配置，也可用作花篱和盆栽观赏。

174

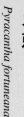

火棘

Pyracantha fortuneana

- **科属** 蔷薇科火棘属
- **别名** 火把果、救兵粮
- **花期** 5月
- **果期** 9～10月
- **高度** 3米

◉ 识别要点

　　枝条拱形下垂，幼时有锈色毛，短侧枝常成刺。单叶互生，叶倒卵形至倒卵状长椭圆形，先端圆钝微凹，锯齿圆钝，齿尖内弯。花两性，白色，复伞房花序。梨果近球形，红色，径约5毫米。

生态习性 喜光，稍耐阴，有一定耐寒性，耐干旱，对土壤要求不太严。萌芽力强，耐修剪。主根长，侧根少，不耐移栽。

自然分布 产陕西、河南、江苏、浙江、福建、湖北、湖南、广西、贵州、云南、四川、西藏。生于山地、丘陵地阳坡灌丛草地及河沟路旁，海拔500～2 800米。

园林应用 常用作绿篱及基础种植材料，或丛植、孤植于草坪、林缘、路旁。

月季

Rosa chinensis

- **科属** 蔷薇科蔷薇属
- **别名** 月月红、长春花、
  四季花
- **花期** 4～9月
- **果期** 6～11月
- **高度** 1～2米

👁识别要点

　　小枝粗壮，圆柱形，近无毛，有短粗的钩状皮刺。小叶3～5，稀7，小叶片宽卵形至卵状长圆形。花几朵集生，稀单生，直径4～5厘米；花瓣重瓣至半重瓣，红色、粉红色至白色等，倒卵形。果卵球形或梨形，长1～2厘米，红色，萼片脱落。

　　生态习性 喜温暖、日照充足、空气流通的环境。以疏松、肥沃、富含有机质、微酸性、排水良好的壤土较为适合。

　　自然分布 原产中国，在我国广泛栽培。

　　园林应用 布置花坛、花境、庭院花材，可制作月季盆景，作切花、花篮、花束等。

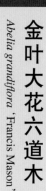

Abelia grandiflora 'Francis Mason'

金叶大花六道木

- 科属　忍冬科六道木属
- 花期　6 ~ 11月
- 高度　1.5米

👁 识别要点

　　小枝细圆，阳面紫红色，弓形。叶小，长卵形，长2.5 ~ 3.0厘米，宽1.2厘米，边缘具疏浅齿。圆锥状聚伞花序，花小，白色带粉，繁茂而芬芳。果实为革质瘦果，矩圆形，冠以宿存的萼裂片，棕色。

生态习性 喜光，耐热，在阳光下呈金黄色，光照不足则叶色转绿。在酸性、中性或偏碱性土壤中均能良好生长，且有一定的耐旱、耐瘠薄能力。萌蘖力强，耐修剪。

自然分布 栽培品种，在我国广泛栽培。

园林应用 在园林绿化中可作为花篱或丛植于草坪及作树林下木等，是北方不可多得的夏秋花灌木。

177

粗榧

Cephalotaxus sinensis

- 科属　三尖杉科三尖杉属
- 别名　粗榧杉
- 花期　3～4月
- 果期　8～10月
- 高度　12米

识别要点

　　树皮灰色或灰褐色，呈薄片状脱落。叶条形，通常直，很少微弯，端渐尖，基部近圆形，叶面绿色，叶背气孔带白色，绿色边带不明显。雄球花6～7朵聚生成头状，基部有1枚苞片。果实呈卵圆形或近球形。

生态习性　阳性树种，较喜温暖，喜生于富含有机质的土壤，抗虫害能力很强。生长缓慢，但有较强的萌芽力，耐修剪，但不耐移植，有一定耐寒力。

自然分布　为我国特有树种，多生于海拔600～2 200米的花岗岩、沙岩或石灰岩山地，长江流域及以南地区均有分布，近年在北京引种栽培成功。

园林应用　通常多宜与他树配植，作基础种植用，或在草坪边缘，植于大乔木之下。也可孤植于庭院、路边、草坪中。其园艺品种又可作切花装饰材料。

178

山茶

Camellia japonica

● **科属** 山茶科山茶属

● **别名** 茶花

● **花期** 1～4月

● **果期** 9～10月

● **高度** 9米

👁 **识别要点**

　　嫩枝无毛。叶革质，叶形有椭圆形、披针形、倒卵形。花顶生。蒴果圆球形。久经驯化栽培，园艺品种甚多，花瓣有单瓣型、重瓣型、牡丹型、玫瑰型，花色千变万化，有白、红、粉、橙、黄、紫、绿、复色。

生态习性 能吸收二氧化碳、二氧化硫、粉尘等有害气体和物质，并具较强的抗性。

自然分布 原产中国、日本，在我国秦岭、淮河以南常露地栽培。

园林应用 广泛用于应用风景区和公园的绿化。最常见的是群植，大者可成山茶花主题公园，小者成为山茶花区或山茶花林。此外，可与构树、圆柏、桂花、泡桐等搭配种植在厂矿的周围，不但可以净化空气也可以美化环境。

179

油茶

Camellia oleifera

- 🔘 **科属**　山茶科山茶属
- 🔘 **别名**　白花茶、山油茶
- 🔘 **花期**　10 ～ 12月
- 🔘 **果期**　翌年9 ～ 10月
- 🔘 **高度**　2 ～ 6米

👁 **识别要点**

　　小枝疏被毛。叶互生，革质，椭圆形，长3.5 ～ 9厘米，叶缘有细锯齿。花白色，单生或2朵并生。蒴果近球形，直径1.8 ～ 2.2厘米，果皮木质，熟后开裂。

生态习性　喜光，喜温暖湿润气候，喜土层深厚的酸性土。

自然分布　分布于长江流域及以南各地，常见于低山丘陵。

园林应用　可作花篱，适宜群植作大面积的风景区，同时又是防火带的优良树种。

桃叶珊瑚

Aucuba chinensis

- 科属　山茱萸科桃叶珊瑚属
- 花期　1～2月
- 果期　11月至翌年2月
- 高度　3～6米

👁️识别要点

　　小枝被柔毛，老枝具白色皮孔。单叶对生，叶薄革质，长椭圆形至倒卵状披针形，长10～20厘米，全缘或中上部有疏齿，背面有硬毛。花单性异株，花紫色，排成总状圆锥花序，长13～15厘米。浆果状核果，幼果绿色，成熟为鲜红色。

生态习性 耐阴，喜温暖湿润气候，不耐寒，喜肥沃湿润而排水良好土壤。

自然分布 产湖北、四川、云南、福建、台湾、广东、海南、广西等地。常生于海拔1000米以下的常绿阔叶林中。

园林应用 是一种良好的耐阴观叶、观果树种，宜于配植在林下及荫蔽处。又可盆栽供室内观赏。还是一种抗污染树种，尤其对烟尘和大气污染抗性强。

北海道黄杨

Euonymus japonicus

- 科属　卫矛科卫矛属
- 花期　6 ~ 7月
- 果期　9 ~ 10月
- 高度　3米

👁️ **识别要点**

小枝四棱，具细微皱突。叶革质，有光泽，倒卵形或椭圆形，边缘具有浅细钝齿；正面呈深绿色，背面为浅绿色。聚伞花序，花白绿色，直径5 ~ 7毫米。蒴果近球状，直径约8毫米，红色。

生态习性 喜光，又较耐阴，喜温暖，湿润气候。耐旱能力也优于普通的大叶黄杨，吸收有害气体的能力强。

自然分布 原产日本，在我国栽培广泛。

园林应用 城市庭院绿化中可以孤植、列植、亦可群植。

大叶黄杨

Buxus megistophylla Levl.

- 科属　卫矛科卫矛属
- 花期　4～5月
- 果期　10～11月
- 高度　1～6米

 识别要点

　　叶革质。聚伞花序 多聚生小枝上部，花黄色。蒴果红黄色，多呈倒卵状，长1.5厘米，直径约1厘米。

生态习性 喜温暖湿润气候，不耐干旱，略耐寒，耐修剪。

自然分布 原产日本，在我国广泛栽培。

园林应用 栽培在公园内和街头绿地等处，采用片植和丛植的方式应用，可修剪成球形。其花叶、斑叶变种更宜盆栽，用于室内绿化及会场装饰等。

183

Fatsia japonica

八角金盘

- 科属　五加科八角金盘属
- 别名　八手、手树
- 花期　10 ～ 11月
- 果期　翌年4月
- 高度　4 ～ 5米

👁 识别要点

　　叶大，掌状，五至七深裂，裂片长椭圆形，基部心形或楔形，有光泽，边缘有锯齿或波状。叶柄长，基部膨大。花白色，伞形花序集成圆锥花序，顶生。浆果近球形，紫黑色。

生态习性　喜温暖湿润气候，不甚耐寒。极耐阴，较耐湿，怕干旱，畏酷热和强光暴晒，在荫蔽的环境和湿润、疏松、肥沃的土壤中生长良好。萌蘖性强。

自然分布　原产日本，在我国长江流域以南各城市栽培。

园林应用　适合配置于庭前、门旁、窗边、栏下、墙隅或群植作疏林的下层植被。北方常盆栽，供室内绿化观赏。

184

火焰南天竹

Nandina domestica 'Firepower'

- 科属　小檗科南天竹属
- 花期　5～7月
- 果期　10～11月
- 高度　30～40厘米

👁️识别要点

　　丛生，低矮，枝叶密集。叶片较常见南天竹短小，叶片略宽。幼叶及冬季叶亮红色至紫色。花果未见。

生态习性 喜温暖湿润的半阴环境，较耐寒。

自然分布 栽培品种。

园林应用 主要用于花境、花坛。

185

南
天
竹

Nan dina domestica

- 科属　小檗科南天竹属
- 别名　红杷子、天烛子
- 花期　5 ~ 7月
- 果期　10 ~ 11月
- 高度　1 ~ 3米

◎识别要点

　　茎常丛生而少分枝。叶互生，集生于茎的上部，三回羽状复叶，冬季叶色变红。圆锥花序直立。花小，白色，具芳香。浆果球形，熟时鲜红色。

生态习性　阳性树种，也耐半阴，喜温暖湿润气候，略耐寒，耐旱也耐湿。对土壤要求不严。

自然分布　产日本，我国长江流域各地均有栽培。

园林应用　多用于道路旁、假山旁和绿地道路转角及边缘等处。

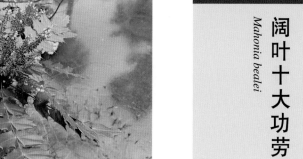

阔叶十大功劳

Mahonia bealei

- 科属　小檗科十大功劳属
- 花期　9月至翌年3月
- 果期　3～5月
- 高度　2米

👁 识别要点

奇数羽状复叶，厚革质，小叶卵形至卵状椭圆形，叶缘反卷且通常有刺状齿。总状花序簇生，花黄色。浆果深蓝色，被白粉。

生态习性　喜温暖湿润气候，耐阴，较耐寒，对土壤要求不严。

自然分布　产于中国华东、中南、西南地区及陕西、甘肃。

园林应用　同狭叶十大功劳。

九里香

Murraya exotica

- 科属　芸香科九里香属
- 别名　千里香、石桂树
- 花期　4～8月
- 果期　9～12月
- 高度　3～8米

 识别要点

　　多分枝，枝白灰或淡黄灰色。叶为奇数羽状复叶，有小叶3～9枚，小叶变化很大，有时退化为1枚，卵圆形或棱状卵圆形，叶面深绿而有光泽。花序通常顶生，为短缩的圆锥状聚伞花序，花白色，花瓣5片，芳香，盛花时反折。果橙黄至朱红色，阔卵形或椭圆形。

生态习性 喜温暖湿润气候，喜光、耐干旱，对土壤要求不严，不耐寒。

自然分布 原产亚洲热带，常见于离海岸不远的平地、缓坡、小丘的灌木丛中。我国分布于南部至西南部。

园林应用 园林绿地中丛植、孤植，或植为绿篱，寒地可盆栽观赏。

Ardisia japonica

紫金牛

- 科属　紫金牛科紫金牛属
- 别名　小青、不出林
- 花期　5～6月
- 果期　6～11月
- 高度　10～30厘米

👁 识别要点

　　近蔓生，具匍匐生根的根茎。叶对生或近轮生，纸质，椭圆形，叶缘有尖锯齿，两面有腺点。亚伞形花序，腋生或生于近茎顶端的叶腋，有花3～5朵，花瓣粉红色或白色。核果球形果球形，鲜红色转黑色，多少具腺点。

生态习性　耐阴，忌阳光直晒。喜温暖湿润气候。喜富含腐殖质、湿润且排水良好的酸性土壤。

自然分布　产陕西及长江流域以南地区，海南岛未发现，常见于海拔约1 200米以下的山间林下或竹林下等阴湿的地方。

园林应用　能在郁密的林下生长，是一种优良的地被植物，也可作盆栽观赏。

189

软叶刺葵

Phoenix roebelenii

- **科属** 棕榈科海枣属
- **别名** 江边刺葵、美丽针葵
- **花期** 4～5月
- **果期** 6～9月
- **高度** 1～3米

👁 **识别要点**

　　茎短粗，通常单生，亦有丛生。叶羽片状，初生时直立，稍长后稍弯曲下垂，叶柄基部两侧有长刺，且有三角形突起；小叶披针形，长20～30厘米、宽约1厘米，较软柔，并垂成弧形。肉穗花序腋生，长20～50厘米，雌雄异株。果长约1.5厘米，初时淡绿色，成熟时枣红色。

　　生态习性 喜高温高湿气候，喜光也耐阴，耐旱、耐瘠，喜排水性良好、肥沃的沙质壤土。

　　自然分布 原产印度缅甸、泰国以及中国云南西双版纳等地，现在我国南方地区栽培较多。

　　园林应用 是良好的庭院观赏植物，也可以盆栽观赏。在我国南方热带地区可作行道树和园林绿化树种。

散尾葵

Chrysalidocarpus lutescens

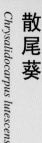

- **科属** 棕榈科散尾葵属
- **别名** 黄椰子
- **花期** 5月
- **果期** 8月
- **高度** 2～5米

 **识别要点**

丛生，茎粗4～5厘米，基部略膨大。叶羽状全裂，平展而稍下弯，长约1.5米，羽片40～60对，黄绿色，被有蜡质白粉，披针形。呈圆锥花序，花小，卵球形，金黄色，螺旋状着生于小穗轴上。核果，鲜时土黄色，干时紫黑色。

生态习性 喜温暖潮湿气候，不耐寒，在稍为荫蔽之地也能生长。

自然分布 原产马达加斯加。我国华南、东南及西南地引种已久，半归化。

园林应用 在我国南方地区地区多栽于庭院、花圃、公园内供观赏，在北方地区多在温室盆栽或桶栽，供厅堂、客室和大型建筑门前作装饰。

191

棕竹

Rhapis excelsa

- **科属**　棕榈科棕竹属
- **别名**　筋头竹、观音竹
- **花期**　6 ~ 7月
- **果期**　10月
- **高度**　2 ~ 3米

◉识别要点

　　丛生，茎圆柱形，有节，被网状的叶鞘纤维所包裹。叶近圆形，直径30 ~ 55厘米，掌状深裂，裂片披针形，先端有不规则齿缺。花序长约30厘米，淡黄色，密被褐色弯卷茸毛。果球形，直径0.8 ~ 1厘米，熟时橙黄色。

生态习性　喜温暖湿润气候，不耐寒，忌阳光暴晒。

自然分布　原产我国南部至西南部。

园林应用　宜配植于窗外、路旁、花坛或廊隅等处，丛植或列植均可。也可作盆栽或制作盆景，供室内装饰。

PART

4

落叶灌木

柽柳

Tamarix chinensis

● **科属** 柽柳科柽柳属

● **别名** 观音柳、红荆条

● **花期** 4～9月

● **果期** 7～10月

● **高度** 3～6米

👁 **识别要点**

　　幼枝稠密细弱，常开展而下垂，红紫色或暗紫红色，有光泽。总状花序，花瓣5，粉红色。

　生态习性 阳性树种，耐高温和严寒，耐干，耐水湿，耐盐碱。

　自然分布 产辽宁、河北、河南、山东、江苏（北部）、安徽（北部）等地。

　园林应用 本种多栽培于滨水岸线带、溪畔、河岸等处，在公园内水体景观周边亦可孤植和群植，赏其婆娑之美。

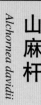

山麻杆

Alchornea davidii

● **科属** 大戟科山麻杆属
● **别名** 野火麻、狗尾巴树
● **花期** 3～5月
● **果期** 6～7月
● **高度** 1～2米

👁 识别要点

嫩枝被灰白色短茸毛，一年生小枝具微柔毛。叶薄纸质，阔卵形或近圆形平，边缘具齿，小托叶线状。雌雄异株，雄花序穗状，雌花序总状、顶生。蒴果近球形，具3圆棱。

生态习性 阳性树种，但也能耐阴，抗寒能力较弱，对土壤要求不严，但在疏松肥沃、富含有机质的沙质土壤中生长更好。

自然分布 产陕西、四川、云南、贵州、广西、河南、湖北、湖南、江西、江苏、福建。生于海拔300～700米沟谷或溪畔、河边的坡地灌丛中。

园林应用 适于园林群植，又适于庭院门侧、窗前孤植，同时还可在路边、水滨列植，还可盆栽置于阳台莳养和观赏。

丽豆

Calophaca sinica

- **科属** 豆科丽豆属
- **别名** 山丽豆、锦鸡儿
- **花期** 5～6月
- **果期** 6～8月
- **高度** 2～2.5米

识别要点

全株密被白色长柔毛。茎分枝粗壮，树皮剥落，淡棕白色；幼枝树皮紫棕色。羽状复叶；托叶草质，披针形；小叶坚纸质，宽椭圆形或倒卵状宽椭圆形，叶面绿色，几无毛，叶背苍白色，疏被白色长柔毛。总状花序，花萼钟状，被白色柔毛和褐色腺毛，花冠黄色。

生态习性 喜光，略耐阴，喜凉爽气候，耐寒力强，根系较发达，喜深厚肥沃的土壤。

自然分布 山西南部和内蒙古阴山山脉以南的黄土丘陵区。

园林应用 可作绿篱，也可以作盆景观赏。

196

紫荆

Cercis chinensis

- 科属　豆科紫荆属
- 别名　紫珠、裸枝树
- 花期　3～4月
- 果期　8～10月
- 高度　2～5米

👁️识别要点

　　叶纸质，近圆形或三角状圆形。花紫红色或粉红色，2～10余朵成束，簇生于老枝和主干上，尤以主干上花束较多，通常先于叶开放。荚果扁狭长形，绿色。

生态习性 阳性树种，较耐寒，喜肥沃、排水良好的土壤，萌蘖性强，耐修剪。

自然分布 产我国东南部，北至河北，南至广东、广西，西至云南、四川，西北至陕西，东至浙江、江苏和山东等地。

园林应用 适宜栽培在庭院内、草坪边缘、岩石及建筑物前。目前，多用于小区的园林绿化当中，具有较好的观赏效果。也可应用于街头绿地、小游园和公园等处，采用对植、片植和群植的配置方式。

197

紫穗槐

Amorpha fruticosa

- **科属** 豆科紫穗槐属
- **别名** 棉条、紫槐
- **花期** 5 ~ 10月
- **果期** 5 ~ 10月
- **高度** 1 ~ 4米

👁 识别要点

　　嫩枝密被短柔毛。叶互生，奇数羽状复叶，长10 ~ 15厘米，小叶11 ~ 25，具透明油腺点。穗状花序常1至数个顶生和枝端腋生，长7 ~ 15厘米，密被短柔毛，花紫色。

生态习性 耐瘠，喜光，耐寒，耐水湿和轻度盐碱土。

自然分布 原产美国东北部和东南部，我国各地普遍栽培。

园林应用 利用其自然分布强的特性，用于河堤、路边和山坡等处的绿化。

沙枣

Elaeagnus angustifolia

● **科属** 胡颓子科胡颓子属

● **别名** 香柳、银柳

● **花期** 5～6月

● **果期** 9月

● **高度** 5～10米

👁 识别要点

　　无刺或具刺。幼枝密被银白色鳞片。叶薄纸质，矩圆状披针形至线状披针形，长3～7厘米。花小，花被外面银白色，里面黄色，芳香。果实椭圆形，长9～12毫米，直径6～10毫米，粉红色。

　　生态习性 喜光，喜干旱，不耐水湿，对土壤要求不严。

　　自然分布 产辽宁、河北、山西、河南、陕西、甘肃、内蒙古、宁夏、新疆、青海等地，通常为栽培植物，也有野生。

　　园林应用 用于干旱地区街道和公园的绿化。

大花溲疏

Deutzia grandiflora

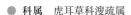

- 科属　虎耳草科溲疏属
- 别名　华北溲疏
- 花期　4～6月
- 果期　9～11月
- 高度　2米

识别要点

　　叶纸质，卵状菱形或椭圆状卵形，长2～5.5厘米，宽1～3.5厘米，先端急尖。聚伞花序，长和直径均为1～3厘米，具花(1～)2～3朵，白色。蒴果半球形，径4～5毫米。

生态习性　喜光，耐寒，耐瘠薄，畏热，喜排水良好土壤。

自然分布　产辽宁、内蒙古、河北、山西、陕西、甘肃、山东、江苏、河南、湖北等地。生于海拔800～1600米山坡、山谷和路旁灌丛中。

园林应用　用于公园和花境。

绣球

Hydrangea macrophylla

- 科属　虎耳草科绣球属
- 别名　八仙花、紫阳花
- 花期　6～8月
- 高度　1～4米

👁 识别要点

　　小枝粗壮，皮孔明显。叶大而稍厚，对生，倒卵形，边缘有粗锯齿，叶面鲜绿色，叶背黄绿色。花大型，由许多不孕花组成顶生伞房花序。花色多变，白色、粉色、蓝色等。不结实。

生态习性　喜温暖湿润气候和半阴环境。以疏松、肥沃和排水良好的沙质壤土为好。

自然分布　产日本、朝鲜及我国长江流域及四川，现在我国广泛栽培。

园林应用　公园和风景区常成片栽植，形成景观。适合栽植于阳光较差的小面积庭院中。建筑物入口处对植两株、沿建筑物列植一排、丛植于庭院一角，都很理想。瓶插室内，也是上等点缀品。将花球悬挂于床帐之内，更觉雅趣。

201

圆锥绣球

Hydrangea paniculata

- 科属　虎耳草科八仙花属
- 别名　大花水亚木、白花丹
- 花期　8～9月
- 果期　10～11月
- 高度　1～5米

◉ 识别要点

　　单叶对生，有时在上部3叶轮生，叶椭圆形或卵状椭圆形，背面脉上有毛，细锯齿内曲。花两性，圆锥花序顶生，全部或大部分由大型不育花组成，长可达40厘米，径可达30厘米，不育花具4枚花瓣状萼片，由白色渐变浅粉红色。蒴果近卵形。

生态习性　耐寒性不强，喜光，喜排水良好的土壤环境。

自然分布　原产我国长江以南。

园林应用　适合林缘、池畔、路旁或墙垣边栽培观赏，也是花境常用的材料，也可用于盆栽。

蜡瓣花

Corylopsis sinensis

- 科属　金缕梅科蜡瓣花属
- 别名　中华蜡瓣花
- 花期　3月
- 果期　9～10月
- 高度　2～5米

◉识别要点

　　小枝密被短柔毛。叶倒卵形至倒卵状椭圆形，长5～9厘米，先端短尖或稍钝，侧脉7～9对。花于叶前开放，黄色，芳香，10～18朵成下垂之总状花序，长3～5厘米。蒴果卵球形，有毛，熟时弹出光亮黑色种子。

生态习性 喜温暖湿润气候和阳光充足的环境，也耐阴，较耐寒，喜富含腐殖质的酸性土壤。

自然分布 分布于湖北、安徽、浙江、福建、江西、湖南、广东、广西及贵州等地，常见于山地灌丛。

园林应用 可丛植于草地、林缘、路边，或作基础种植，或点缀于假山、岩石间。

木槿

Hibiscus syriacus

- ● 科属　锦葵科木槿属
- ● 别名　木棉、荆条、喇叭花
- ● 花期　7 ~ 10月
- ● 高度　3 ~ 4米

👁 识别要点

　　叶菱形至三角状卵形。花单瓣或重瓣，钟形，多为粉红色、紫色、白色等，直径5 ~ 6厘米。甚少结果。

生态习性 阳性树种，喜温暖湿润气候，较耐干燥和贫瘠，对土壤要求不严格。

自然分布 原产我国中部地区，现在我国广泛栽培。

园林应用 本种在园林中应该较为广泛。在古典园林中，多用在堂前、路旁、院门边种植，多采用对称的种植形式。在现代园林中，多用于公园、行道树下、街头绿地和居民小区内，主要采用孤植、对植、列植和片植的方式进行绿化应用。

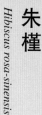

朱
槿

Hibiscus rosa-sinensis

- 科属　锦葵科属木槿属
- 别名　扶桑
- 花期　全年
- 高度　6米

👁 识别要点

　　叶宽卵形或狭卵形，长4～9厘米，基部近圆形，边缘有不整齐粗齿或缺刻，两面无毛或仅背面沿侧脉疏生星状毛。花下垂，直径6～10厘米，花梗长3～5厘米，花萼钟形，花冠漏斗形，淡红色或玫瑰红色，雄蕊柱和花柱长，伸出花冠外。蒴果卵状球形，长约2.5厘米。

生态习性 喜温暖湿润气候，不耐寒，喜光，喜肥沃且排水良好的土壤。

自然分布 原产我国南部福建、台湾、广东、广西、云南、四川等地。现温带至热带地区均有栽培。

园林应用 常用于布置节日公园、花坛、会场，同时也是家庭养花的常用花木。

蜡梅

Chimonanthus praecox

- **科属** 蜡梅科蜡梅属
- **别名** 素心蜡梅、臭蜡梅
- **花期** 11月至翌年3月
- **果期** 4～11月
- **高度** 4米

识别要点

叶纸质至近革质，卵圆形、椭圆形、宽椭圆形至卵状椭圆形，基部急尖至圆形。先花后叶，花生于叶腋，花色蜡黄、淡黄或黄色带有紫斑，芳香，直径2～4厘米。

生态习性 喜阳光，略耐阴，耐寒，耐旱，忌积水，不耐盐碱，花期怕风，喜土层深厚、肥沃、疏松、排水良好的微酸性沙质壤土。

自然分布 产江苏、浙江、福建、湖南、湖北、河南、四川、贵州、云南等地。

园林应用 在古典园林中，主要在庭前、院门旁、假山、漏窗等处进行孤植和配植。在现代园林中也有多种应用方式，在绿地景观中主要作为配景树来进行应用，主要应用于街头绿地、小游园和公园等处，采用孤植、丛植和群植的配置方式。

206

金叶莸

Caryopteris clandonensis
'Worcester Gold'

- 科属　马鞭草科莸属
- 花期　7～9月
- 果期　8～10月
- 高度　50～60厘米

👁 识别要点

　　单叶对生，长卵形，边缘有疏粗锯齿，鹅黄色。聚伞花序着生于新枝上部叶腋，花萼钟状，花冠蓝紫色。蒴果，球形。

生态习性　喜光，耐旱，耐寒，耐盐碱、耐瘠薄，适应性强。

自然分布　20世纪90年代由美国引入我国，在吉林、辽宁、华北、华中及华东地区有栽培。

园林应用　花境材料及片植。常作为配色植物或色块植物来美化、调节城市绿化带和园林景观，也非常适用于厂矿、道路绿化。

荆条

Vitex negundo var. heterophylla

- 🔴 **科属** 马鞭草科牡荆属
- 🔴 **别名** 黄荆
- 🔴 **花期** 6～8月
- 🔴 **果期** 9～10月
- 🔴 **高度** 2～3米

👁 识别要点

　　小枝四棱形，密生灰白色茸毛。掌状复叶对生，小叶5，稀3，卵状长椭圆形至披针形，有缺刻状锯齿、羽状浅裂至深裂，背面密生灰白色细茸毛。花两性，淡紫色，圆锥状聚伞花序顶生。核果球形，黑色，外面包有宿存的花萼。

生态习性 喜光，耐半阴，耐寒冷，耐干旱瘠薄，适应性强。萌蘖性强，耐修剪。

自然分布 我国东北、华北、西北、华东及西南均有分布。

园林应用 是装点风景区极好的材料，可植于山坡、路旁、岩石园等，也是树桩盆景的优良材料。

互叶醉鱼草

Buddleja alternifolia

- 科属　马钱科醉鱼草属
- 别名　白芨、泽当醉鱼草
- 花期　5～6月
- 果期　10～11月
- 高度　1～4米

👁 识别要点

　　枝开展，多拱形弯曲。单叶互生，叶窄披针形，先端短尖或钝圆，全缘，背面密生灰白色茸毛。花两性，紫蓝色或紫红色，簇生于2年生枝叶腋；花萼具4棱，密生灰白色茸毛；雄蕊无花丝。蒴果长圆柱形，种子有翅。

生态习性　喜光，喜温暖湿润气候及排水良好的土壤，较耐寒。

自然分布　产内蒙古、河北、山西、陕西、宁夏、甘肃、青海、河南、四川和西藏等地。生于海拔1 500～4 000米干旱山地灌木丛中或河滩边灌木丛中。

园林应用　可丛植于草坪、建筑物前、路旁、墙隅、坡地等，也可植为自然式绿篱。

牡丹

Paeonia suffruticosa

- 🔴 **科属** 毛茛科芍药属
- 🔴 **别名** 洛阳花、富贵花
- 🔴 **花期** 4～5月
- 🔴 **果期** 9月
- 🔴 **高度** 2米

👁 **识别要点**

枝条多而粗，木质化程度较低。叶为二回三出羽状复叶，小叶阔卵形至卵状长椭圆形，先端3～5浅裂，长4.5～8厘米，平滑无毛，背面有白粉。花单生枝顶，大型，径10～30厘米。花形多种，花色丰富，有紫、深红、粉红、黄、白、豆绿等色。聚合蓇葖果，种子亮黑。

生态习性 喜温暖，不耐湿热，较耐寒，较耐碱。深根性，具有肉质直根，耐旱，忌积水。喜深厚肥沃、排水良好的沙质壤土。

自然分布 全国栽培甚广。

园林应用 园林中可成片栽植，建立牡丹园；也可在门前、坡地专设牡丹台、牡丹池，孤植或丛植几株。牡丹为肉质直根，不宜盆栽。

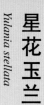

Yulania stellata

星花玉兰

- 科属　木兰科玉兰属
- 别名　日本毛玉兰
- 花期　3～4月
- 果期　8～9月
- 高度　1～3米

◉识别要点

　　枝叶繁密。叶倒卵状长圆形，长4～10厘米，宽3.7厘米，顶端钝圆、急尖或短渐尖；花先叶开放，直立，芳香，盛开时直径7～8.8厘米；内数轮瓣状花被片12～45，花色多变，白色至紫红色。聚合果长约5厘米。

生态习性 喜光，耐寒，喜湿润气候。

自然分布 原产日本，我国南京、上海、杭州及华北地区有栽培。

园林应用 应用于别墅、公园和住宅区。

211

紫玉兰

Yulania liliiflora

- **科属** 木兰科玉兰属
- **别名** 木笔
- **花期** 3～4月
- **果期** 8～9月
- **高度** 3米

👁 **识别要点**

常丛生。叶椭圆状倒卵形或倒卵形。花叶同时开放，瓶形，直立于粗壮、被毛的花梗上，稍有香气；花被片9～12，外轮3片萼片状，紫绿色，内两轮肉质，外面紫色或紫红色，内面带白色，花瓣状。成熟蓇葖近圆球形，顶端具短喙。

生态习性 幼树较耐阴，成年树喜光也略耐阴。喜深厚肥沃土壤，不耐盐碱，忌水湿，耐寒。

自然分布 产福建、湖北、四川、云南西北部。

园林应用 多在古典园林中厅前配植，也可孤植或散植于私家庭院内。本种在绿地景观中多作为配景树来进行应用，主要应用于街头绿地、小游园和公园等处，采用组团种植和群植的配置方式。

212

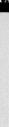

Forsythia viridissina

金钟花

- **科属** 木樨科连翘属
- **别名** 迎春柳、迎春条、金梅花
- **花期** 3～4月
- **果期** 8～11月
- **高度** 3米

◎识别要点

　　全株除花萼裂片边缘具睫毛外，其余均无毛。枝棕褐色或红棕色，直立，小枝绿色或黄绿色，呈四棱形，皮孔明显，具片状髓。叶片长椭圆形至披针形，或倒卵状长椭圆形，通常上半部具不规则锐锯齿或粗锯齿，稀近全缘。

生态习性 喜光耐半阴，耐旱，耐寒，忌湿涝。

自然分布 产江苏、安徽、浙江、江西、福建、湖北、湖南、云南西北部。

园林应用 常用于花境、岸边、岩石等处种植。

连翘

Forsythia suspensa

- 科属　木樨科连翘属
- 花期　3～4月
- 果期　7～9月
- 高度　3米

👁 识别要点

　　枝开展或下垂。叶通常为单叶或3裂至三出复叶，叶片卵形、宽卵形或椭圆状卵形至椭圆形。花先叶开放，花冠黄色，花冠裂片4，萼片4。

生态习性　阳性树种，耐半阴，耐寒，喜温暖湿润气候，耐干旱瘠薄，怕涝。

自然分布　产河北、山西、陕西、山东、安徽西部、河南、湖北、四川。

园林应用　古典园林中，多用在堂前花坛、假山旁、路边丛植观赏。现代园林中，多用于公园、街头绿地、路边陡坡和居民小区内，主要采用片植和群植方式进行绿化应用，赏其黄金满枝条的盛景。

小蜡

Ligustrum sinense

● 科属　木樨科女贞属

● 别名　千张树、小叶女贞

● 花期　3～6月

● 果期　9～12月

● 高度　2～4米

👁 识别要点

　　小枝密生短柔毛。叶片，纸质或薄革质，卵形，淡绿色。圆锥花序大，花芳香，花白色。果近球形，紫黑色。

生态习性　耐半阴，耐旱，耐瘠薄，喜温暖湿润气候和深厚肥沃的土壤。

自然分布　产江苏、浙江、安徽、江西、福建、台湾、湖北、湖南、广东、广西、贵州、四川、云南。生山坡、山谷、溪边、河旁、路边的密林、疏林或混交林中。

园林应用　多栽培在溪流湖畔边缘，湿润的陡坡边缘。

215

雪柳

Fontanesia phillyreoides subsp. fortunei

- **科属** 木樨科雪柳属
- **别名** 五谷树、过街柳
- **花期** 4～6月
- **果期** 6～10月
- **高度** 4～6米

👁识别要点

树皮薄片状脱落，枝直立，细长，小枝四棱形。叶片纸质，披针形、卵状披针形或狭卵形。圆锥花序顶生或腋生，花白色。翅果扁平。

生态习性 阳性树种，也耐半阴，喜肥沃、排水良好的土壤，较耐寒。

自然分布 产河北、陕西、山东、江苏、安徽、浙江、河南及湖北东部。

园林应用 可丛植于溪流池畔、坡地边缘、园路旁、路边陡坡或树丛边缘，野趣横生。也可在街头绿地、公园和小区内孤植或丛植。

Jasminum nudiflorum

迎春花

● 科属　木樨科素馨属

● 别名　金腰带、黄梅

● 花期　12月至翌年3月

● 高度　0.3～5米

👁识别要点

　　茎直立或匍匐，枝条下垂，枝稍扭曲，光滑无毛，小枝四棱形，棱上多少具狭翼。叶对生，三出复叶，小枝基部常具单叶。花单生于去年生小枝的叶腋，稀生于小枝顶端。苞片小叶状，披针形、卵形或椭圆形。

生态习性　喜光，稍耐阴，略耐寒，怕涝。

自然分布　产甘肃、陕西、四川、云南西北部，西藏东南部。

园林应用　配置在湖边、溪畔、桥头、墙隅，或在草坪、林缘、坡地，房屋周围也可栽植。

紫丁香

Syringa oblata

- 科属　木樨科丁香属
- 别名　华北紫丁香
- 花期　4～5月
- 果期　6～10月
- 高度　5米

◉ 识别要点

树皮灰色，有沟裂。小枝灰色，平滑粗壮。叶片对生，革质或厚纸质，卵圆形至肾形。圆锥花序直立，花萼钟状，花冠紫色、蓝紫色或淡粉红色。蒴果扁而平滑。

生态习性　喜光，稍耐阴，喜温暖湿润气候，耐寒，耐旱，耐瘠薄，忌水淹。

自然分布　产东北、华北、西北以至西南达四川西北部。

园林应用　广泛栽植于庭院、公园、绿地和居民区等地。可列植、片植、对植、孤植和群植。

黄栌

Cotinus coggygria var. cinerea

● **科属** 漆树科黄栌属

● **别名** 红叶

● **花期** 5月

● **果期** 9 ~ 10月

● **高度** 3 ~ 5米

👁 识别要点

　　叶倒卵形或卵圆形，长3 ~ 8厘米，宽2.5 ~ 6厘米，先端圆形或微凹，基部圆形或阔楔形，全缘。圆锥花序被柔毛，花瓣卵形或卵状披针形，长2 ~ 2.5毫米，宽约1毫米，果肾形。

生态习性 喜光，喜温凉气候，略耐寒，耐旱，不耐水湿。

自然分布 产河北、山东、河南、湖北、四川，生于海拔700 ~ 1 620米的向阳山坡林中。

园林应用 秋季叶片变红，北京香山红叶就是该树种。可用于各类绿地。

火炬树

Rhus typhina

- 科属　漆树科盐肤木属
- 别名　红果漆、火炬漆
- 花期　6～7月
- 果期　8～9月
- 高度　12米

 识别要点

　　枝粗壮，密生茸毛或长柔毛。奇数羽状复叶，长20～50厘米，小叶5～15，叶背灰白色，入秋叶片变红。圆锥花序顶生。核果深红色，密生茸毛，密集成火炬形。

生态习性 喜光，耐旱，耐寒，耐瘠薄，自然分布强。

自然分布 原产北美洲，华北、西北等地有栽培和逸生。

园林应用 主要用于风景林边缘绿化和荒山绿化。但要合理应用，谨防扩散。

盐肤木

Rhus chinensis

- **科属** 漆树科盐肤木属
- **别名** 盐夫子、五倍子树
- **花期** 8～9月
- **果期** 10月
- **高度** 2～10米

👁️ 识别要点

奇数羽状复叶，叶轴具宽的叶状翅，小叶自下而上逐渐增大，叶轴和叶柄密被锈色茸毛；小叶多形，卵形或长圆形，叶面暗绿色，叶背粉绿色，被白粉；早春及秋季紫红色。圆锥花序宽大，花白色。核果球形，径4～5毫米，成熟时红色。

 喜光，喜温暖湿润气候，耐瘠薄，耐寒冷和干旱，不耐水湿，对土壤要求不严。

自然分布 我国除东北、内蒙古和新疆外，其他地区均有分布。

园林应用 可丛植、孤植与片植于草坪、路旁、水边、山石间、亭廊旁配置，也可以用于边坡、荒山绿化。

221

红火箭紫薇

Lagerstroemia indica 'Red Rocket'

- **科属**　千屈菜科紫薇属
- **别名**　红火箭
- **花期**　6 ~ 10 月
- **高度**　3.6 米

 **识别要点**

　　新枝红色，老枝褐色。叶片椭圆形，近对生，新叶深红色，成熟后绿色略带紫色。圆锥花序顶生，犹如火箭，花火红色。

生态习性　耐旱，耐寒，不择土壤。

自然分布　栽培品种，湖南、湖北、浙江、安徽、广西、广东、江西、四川、重庆、贵州、北京、河南、山东等地有栽培。

园林应用　多用于丛植观赏，也可作为花篱来进行应用。

222

白鹃梅

Exochorda racemosa

- 科属　蔷薇科白鹃梅属
- 别名　茧子花、九活头
- 花期　5月
- 果期　6～8月
- 高度　3～5米

识别要点

　　枝条细弱开展。叶片椭圆形，长椭圆形至长圆倒卵形。总状花序，有花6～10朵，花直径2.5～3.5厘米，白色。蒴果，倒圆锥形，有5脊。

生态习性　阳性树种，也略耐阴，自然分布强，耐干旱瘠薄土壤，较耐寒。

自然分布　产河南、江西、江苏、浙江。生于山坡阴地，海拔250～500米。

园林应用　可在庭院拐角、院门两侧、围墙边缘、草坪、林缘、居民小区、路边及假山岩石间配植。也可在面积较大的公园绿地丛植，观赏晚春，花开如雪的盛景。

223

重瓣棣棠

Kerria japonica f. pleniflora

- 科属　蔷薇科棣棠花属
- 花期　4～5月
- 果期　6～8月
- 高度　1～1.5米

识别要点

　　小枝绿色，弯垂生长。叶三角状卵形，表面鲜绿色，背面苍白而微有细毛。花金黄色顶生于侧枝上，重瓣，花径3～4.5厘米。

　　生态习性　幼树较耐阴，成年树喜光。喜深厚肥沃土壤，不耐盐碱，耐寒，不耐高温。

　　自然分布　产我国和日本，在我国南方庭院栽培较多。

　　园林应用　栽培在路旁、山坡边缘、陡坡上、水边等处，采用丛植、列植和组团种植的方式进行应用。还可以配合假山、岩石园等处配置，是早春最重要的观赏花木之一。

224

Malus halliana

垂丝海棠

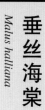

- 🍒 **科属** 蔷薇科苹果属
- ⚙ **花期** 3～4月
- 🌿 **果期** 10～11月
- 🌲 **株高** 3～8米

👁 识别要点

　　树冠较扩散，比海棠矮。嫩枝、嫩叶紫红色。单叶互生，叶卵形或长圆状卵形。花4～7朵成伞房花序，花梗细长，下垂，紫色，花粉红色，多重瓣。其花色、花瓣数变异类型很多。果小，倒卵形，紫色，成熟晚，径6～8毫米，萼片脱落。

生态习性 喜阳光，不耐阴，耐寒，耐干旱，但不耐水涝，喜深厚、肥沃及疏松土壤。

自然分布 产我国西南部，长江流域至西南各地有栽培。

园林应用 可孤植、丛植、片植，作庭院观赏树

225

垂枝碧桃

Amygdalus persica var. persica 'pendula'

- 🔵 **科属** 蔷薇科桃属
- 🔵 **别名** 花桃
- 🔵 **花期** 3～4月
- 🔵 **果期** 8～9月
- 🔵 **高度** 1～3米

👁 **识别要点**

枝条下垂。花重瓣，色桃红、花大芳香。近球形核果，表面有毛。

生态习性 喜光，耐旱，略耐寒，喜深厚肥沃土壤。

自然分布 栽培品种，在我国广泛栽培。

园林应用 本种适合于河畔、园路两侧和公园布置，也点缀于小庭院，或盆栽观赏。

棣棠

Kerria japonica

● **科属** 蔷薇科棣棠属

● **别名** 黄榆梅、黄度梅

● **花期** 4～6月

● **果期** 6～8月

● **株高** 1～2米

👁️识别要点

　　枝绿色，常拱垂，嫩枝有棱角，老枝平滑无毛。叶互生，三角状卵形或卵圆形，边缘有尖锐重锯齿，托叶带状披针形，早落。花大而单生，生于侧枝顶端，径2.5～6厘米；萼片5，覆瓦状排列，卵状椭圆形；花瓣金黄色，宽椭圆形，比萼片长1～4倍。瘦果倒卵形至半球形，黑褐色，有皱褶。

生态习性 喜光，耐半阴，适生于湿润、肥沃、排水良好的土壤，耐寒性较差，萌蘖能力强。3～5年应将老枝更新修剪，以保持冬季观赏绿枝。

自然分布 产河南、陕西、甘肃、湖北、湖南、浙江、江苏、四川、云南、广东等地。

园林应用 棣棠具有秀丽的青枝绿叶和鲜艳的黄色花朵，在园林中可用做花篱，或丛植于草坪、角隅、路边、林缘、假山旁等，花枝可插瓶观赏。

多花栒子

Cotoneaster multiflorus

- ● 科属　蔷薇科栒子属
- ● 别名　水栒子
- ● 花期　5月
- ● 果期　9月
- ● 高度　2~4米

◉ 识 别 要 点

　　小枝细长拱形，幼时有毛。单叶互生，叶卵形，先端常钝圆，幼时背面有柔毛，全缘。聚伞花序有花6~21朵，花两性，白色，花瓣开展，近圆形。梨果近球形或倒卵形，径约8毫米，红色，具1~2核。

生态习性 喜光，稍耐阴，耐寒冷，耐干旱瘠薄，对土壤要求不严，适应性强。萌芽力强，耐修剪。

自然分布 广布于我国东北、华北、西北和西南。

园林应用 宜植于草坪、林缘、园路拐角处及建筑物周围。

粉花绣线菊

Spiraea japonica

- 科属　蔷薇科绣线菊属
- 别名　蚂蟥梢、火烧尖
- 花期　6～7月
- 果期　8～9月
- 高度　1.5米

👁️识别要点

　　枝条细长，近圆形。单叶互生，卵状披针形至披针形，长2～8厘米，先端尖，边缘具缺刻状重锯齿，叶面散生细毛，叶背略带白粉。复伞房花序生于当年生的直立新枝顶端，花朵密集，粉红色。

　　生态习性 阳性树种，耐寒，耐旱，耐贫瘠，抗病虫害。

　　自然分布 原产日本、朝鲜，我国各地广泛栽培。

　　园林应用 应用在草坪边缘、路旁、建筑物墙边，假山旁。也可以用作花坛、花境基础材料，可采用片植、群植、列植或与其他花木进行配置应用。

红花碧桃

Amygdalus persica 'Rubro-plena'

- 科属　蔷薇科桃属
- 别名　京桃
- 花期　3 ~ 4月
- 果期　8 ~ 9月
- 高度　3 ~ 8米

👁 识别要点

　　树冠宽广而平展。树皮暗红褐色，老时粗糙呈鳞片状。叶片长圆披针形、椭圆披针形或倒卵状披针形，长7 ~ 15厘米，宽2 ~ 3.5厘米。花单生，先于叶开放，直径2.5 ~ 3.5厘米，半重瓣，红色。

生态习性　耐寒，耐旱，耐瘠薄，喜疏松透气土壤，不耐水湿。

自然分布　栽培品种，在我国各地广泛栽培。

园林应用　多用于庭院、建筑旁、公园路边等处。

湖北海棠

Malus hupehensis

- 科属　蔷薇科苹果属
- 别名　野海棠
- 花期　4～5月
- 果期　8～9月
- 高度　8米

👁 识别要点

　　叶片卵形至卵状椭圆形，长5～10厘米，宽2.5～4厘米，先端渐尖。伞房花序，具花4～6朵，花梗长3～6厘米，花径3.5～4厘米，粉花白色或近白色。果实椭圆形或近球形，直径约1厘米，黄绿色稍带红晕，萼片脱落，果梗长2～4厘米。

生态习性 喜光，耐涝，耐旱，耐寒，有一定的抗盐能力。

自然分布 产湖北、湖南、江西、江苏、浙江、安徽、福建、广东、甘肃、陕西、河南、山西、山东、四川、云南、贵州。

园林应用 多用于公园绿地、街道中层绿化。

黄刺玫

Rosa xanthina

- 🔵 **科属**　蔷薇科蔷薇属
- 🔵 **别名**　刺玖花、黄刺莓
- 🔵 **花期**　4 ~ 6月
- 🔵 **果期**　7 ~ 8月
- 🔵 **高度**　2 ~ 3米

👁️ **识别要点**

　　枝粗壮，密集，披散。小叶7 ~ 13。花单生于叶腋，重瓣或半重瓣，黄色；花直径3 ~ 4厘米。果近球形或倒卵圆形，紫褐色或黑褐色。

生态习性　喜光、耐寒、耐瘠薄，不耐水湿，不择土壤。

自然分布　栽培种，东北、华北各地庭院常见栽培。

园林应用　多应用于围墙边缘、假山旁、道路转角处等。

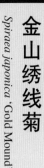

金山绣线菊

Spiraea japonica 'Gold Mound'

● 科属　蔷薇科绣线菊属

● 花期　6 ~ 9月

● 果期　8 ~ 10月

● 高度　30厘米

👁 识别要点

　　枝条细长。嫩叶金黄色。单叶互生，叶卵形至卵状椭圆形，金黄色，秋季叶色带有红晕。伞房花序，小花密集，粉红色，花径1厘米。

生态习性　强阳性树种，不耐阴，喜温暖湿润的气候和深厚肥沃土壤，耐寒性较强。

自然分布　栽培品种，在我国广泛栽培。

园林应用　本种株形整齐，色泽鲜亮，可作为彩叶树种来进行成片栽植，也可以与其他色叶植物在花坛和色块中应用。还可丛植于公园内路边、庭院角落及湖畔或假山石旁。

233

金焰绣线菊

Spiraea japonica 'Goldflame'

- **科属** 蔷薇科绣线菊属
- **花期** 6 ~ 7月
- **果期** 8月
- **高度** 60 ~ 110厘米

 **识别要点**

枝条呈折线状，柔软。单叶互生，叶呈阔卵形，密生，春季叶色黄红相间，秋季紫红色。复伞形花序直径10 ~ 20厘米，花瓣5，玫瑰红色。

生态习性 喜光，耐旱，耐寒，耐盐碱，幼树较耐阴，喜深厚肥沃土壤，也耐瘠薄。

自然分布 栽培品种，在我国广泛栽培。

园林应用 主要用在岩石园、假山旁、园路两侧、建筑物旁进行应用。也可在模纹图案、花坛和花径中和其他色叶树种组合造景。可采用列植、片植、丛植、对植和群植等应用形式进行应用。

金叶风箱果

Physocarpus opulifolius var. luteus

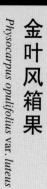

- 科属　蔷薇科风箱果属
- 花期　6月
- 果期　7～8月
- 高度　3米

👁 识别要点

叶片三角卵形至宽卵形，通常基部3裂。总状花序，花瓣倒卵形，白色。

生态习性 喜光，耐寒，也耐阴，耐旱，耐瘠薄，耐修剪，不耐热。

自然分布 栽培品种，在我国广泛栽培。

园林应用 多用于花境、路边和墙边等处。

菊花桃

Amygdalus persica 'Kikumomo'

- 科属　蔷薇科桃属
- 花期　4月
- 果期　8～9月
- 高度　3～8米

👁 识别要点

树皮暗红褐色。叶片长圆披针形。花单生，先于叶开放，粉色，花瓣披针卵形，不规则扭曲，边缘呈不规则的波状，长2厘米，宽0.6厘米；花径4.5厘米，复瓣，菊花形，花高2厘米；花瓣22～32枚，花丝卷曲，有瓣化现象。

生态习性　喜光，耐干旱，不耐阴，忌水涝，喜疏松土壤。

自然分布　栽培品种，在我国广泛栽培。

园林应用　用于公园绿地，道路两侧。

绿萼梅

Prunus mume var. Viridicalyx

- **科属** 蔷薇科杏属
- **别名** 春梅、干枝梅
- **花期** 1 ~ 4月
- **果期** 7 ~ 8月
- **高度** 4 ~ 10米

👁 识别要点

　　小枝绿色，光滑无毛。叶片卵形或椭圆形，长4 ~ 8厘米，宽2.5 ~ 5厘米，先端尾尖。花单生或有时2朵同生于1芽内，直径2 ~ 2.5厘米，香味浓，先于叶开放，花萼为绿色，花瓣倒卵形，白色至粉红色。

生态习性 喜温暖湿润气候，不耐寒，不耐旱，喜排水良好的肥沃土壤。

自然分布 栽培品种，少数品种在华北地区可以越冬。

园林应用 应用于庭院、公园等背风处，也可盆栽观赏。

麻叶绣线菊

Spiraea cantoniensis

- 科属　蔷薇科绣线菊属
- 别名　麻叶绣球、麻球
- 花期　4～5月
- 果期　7～9月
- 株高　1.5米

◉ 识别要点

　　小枝外皮暗红色。叶菱状披针形至菱状椭圆形叶菱状长圆形，自中部以上具缺齿，三出脉状。伞形花序，花瓣白色，花盘裂片近圆形，大小不等。蓇葖果直立开张，萼片直立开张。

生态习性　喜温暖和阳光充足的环境，稍耐寒，耐阴，较耐干旱，忌湿涝，分蘖力强，土壤以肥沃、疏松和排水良好的沙壤土为宜。

自然分布　原产我国东部和南部，现黄河以南地区多有栽培。

园林应用　适于在城镇园林绿化中应用。可丛植于山坡、水岸、湖旁、石边、草坪角隅或建筑物前后，起到点缀或映衬作用，构建园林主景。其枝条细长且萌蘖性强，因而可以代替女贞、黄杨用作绿篱，起到阻隔作用，又可观花。还可以用作切花生产。

毛樱桃

Cerasus tomentosa

- 科属　蔷薇科樱属
- 别名　山豆子
- 花期　4月
- 果期　6月
- 高度　0.3 ~ 1米

👁️识别要点

　　幼枝密生茸毛。单叶互生，叶倒卵形至椭圆状卵形，长2 ~ 7厘米，宽1 ~ 3.5厘米，先端尖，锯齿常不整齐，表面皱，有毛，背面密生毛。花两性，白色或略带粉色，花萼红色，有毛。核果近球形，径约1厘米，红色。

生态习性　喜光，也耐阴，耐寒冷，耐干旱瘠薄，耐轻碱土，对土壤要求不严。

自然分布　产黑龙江、吉林、辽宁、内蒙古、河北、山西、陕西、甘肃、宁夏、青海、山东、四川、云南、西藏。生于山坡林中、林缘、灌丛中或草地，海拔100 ~ 3 200米。

园林应用　宜片植于山坡，孤植、丛植于草坪、建筑物前，或列植于路旁。

239

梅

Armeniaca mume

- 科属　蔷薇科杏属
- 别名　干枝梅、酸梅
- 花期　1 ～ 4月
- 果期　5 ～ 6月
- 高度　4 ～ 10米

识别要点

　　叶片卵形或椭圆形。花单生或有时2朵同生于1芽内，直径2 ～ 2.5厘米，香味浓，先于叶开放；花瓣倒卵形，白色至粉红色。

生态习性　喜光树种。喜温暖湿润气候，喜土层深厚、肥沃土壤，不耐寒，部分品种可在华北栽种，忌水湿。

自然分布　原产我国南方，各地均有栽培，但以长江流域以南各省最多，江苏北部和河南南部也有少数品种，某些品种已在华北引种成功。

园林应用　梅花在我国有很长的栽培历史，在古典园林中，多配合山石进行配置，也有靠近墙边群植的应用形式。在现代园林中，多应用于街头绿地、小游园和公园等处，采用孤植、列植和群植的配置方式。

240

美人梅

Prunus × blireana 'Meiren'

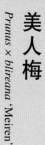

● 科属　蔷薇科李属

● 花期　3 ～ 5月

● 果期　7月

● 高度　2 ～ 3米

👁️识别要点

　　叶片卵圆形，长5 ～ 9厘米，叶柄长1 ～ 1.5厘米，叶缘有细锯齿，叶色紫红。花色浅紫，重瓣花，先花后叶，花瓣15 ～ 17枚。果红色。

生态习性　喜光，略耐寒，喜土层深厚、排水良好的肥沃土壤。

自然分布　栽培品种，在华北地区生长较好。

园林应用　应用于道路旁，各类公园等处配置。

241

平枝枸子

Cotoneaster horizontalis

- 科属　蔷薇科枸子属
- 别名　铺地蜈蚣、小叶枸子
- 花期　5～6月
- 果期　9～10月
- 高度　0.8～1米

识别要点

　　匍匐灌木，枝水平开张成整齐两列状。叶片近圆形或宽椭圆形，稀倒卵形，秋季叶色变红。花1～2朵，近无梗，粉红色。果实近球形，鲜红色。

生态习性 喜温暖湿润的半阴环境，耐干燥，耐瘠薄，略耐寒，怕积水。

自然分布 产陕西、甘肃、湖北、湖南、四川、贵州、云南。

园林应用 主要用于布置岩石园、花坛、斜坡、墙沿、岩石角隅。

千瓣白桃

Amygdalus persica 'Albo-plena'

- 科属　蔷薇科桃属
- 别名　白花碧桃
- 花期　3～4月
- 果期　8～9月
- 高度　3～5米

👁 识别要点

　　树冠宽广而平展。叶片长圆披针形，长7～15厘米，宽2～3.5厘米；叶柄粗壮，长1～2厘米。花单生，先于叶开放，花梗极短或几无梗，花半重瓣，白色。

生态习性 喜温凉干燥气候，不耐水湿，喜疏松土壤。

自然分布 栽培品种，华北地区栽培较多。

园林应用 用于公园路边、假山旁等处。

243

撒金碧桃

Amygdalus persica 'Versicolor'

- 科属　蔷薇科桃属
- 别名　洒金碧桃
- 花期　3 ~ 4月
- 果期　8 ~ 9月
- 高度　3 ~ 8米

　　树皮暗红褐色，老时粗糙呈鳞片状；小枝细长，无毛，有光泽，绿色。叶片椭圆披针形或倒卵状披针形；叶柄粗壮，长1 ~ 2厘米，常具1至数枚腺体。花单生，先于叶开放，径2.5 ~ 3.5厘米；花半重瓣，白色，有时一枝上之花兼有红色和白色，或白花而有红色条纹。花梗极短或几无梗。果实形状和大小均有变异。

生态习性　喜温暖干燥气候，不耐水湿，耐寒，喜疏松透气土壤。

自然分布　栽培品种，主要分布于华东地区，华北地区也有栽培。

园林应用　撒金碧桃可以一树开出多种颜色的花，一朵花又有不同的颜色，非常特别，常应用于各类园林绿地和公园。

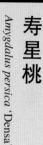

寿星桃

Amygdalus persica 'Densa'

● 科属　蔷薇科桃属

● 花期　3 ~ 4月

● 果期　8 ~ 9月

● 高度　3 ~ 8米

👁️识别要点

　　植株矮小，节间短，花芽密集。花重瓣或单瓣，蔷薇型，花有红色、粉红色、白色，花径4.0厘米，花瓣5 ~ 6轮，花瓣数27，花丝有粉白色、白色，花丝数37，花药黄色。

生态习性　喜光，耐寒，耐旱，不耐水湿，喜疏松透气土壤。

自然分布　栽培品种，应用广泛。

园林应用　多用于专类园、庭院和公园角隅。

贴梗海棠

Chaenomeles speciosa

- 科属　蔷薇科木瓜属
- 别名　铁脚海棠、皱皮
　　　　木瓜
- 花期　3～5月
- 果期　9～10月
- 高度　2米

◉ 识 别 要 点

枝条直立开展，有刺。花先叶开放，3～5朵簇生于二年生老枝上；花瓣倒卵形或近圆形，猩红色，稀淡红色或白色。果实球形或卵球形，直径4～6厘米。

生态习性 阳性树种，也耐半阴，耐寒，耐旱，不耐盐碱，忌积水，对土壤要求不严。

自然分布 产陕西、甘肃、四川、贵州、云南、广东。

园林应用 在古典园林中，多用在堂前、假山旁、盆栽观赏。在现代园林中，多用于公园、街头绿地和居民小区内，主要采用孤植、对植和片植的方式进行栽培利用，赏其春花盛景。

西府海棠

Malus × micromalus

- ● **科属**　蔷薇科苹果属
- ● **别名**　小果海棠、海
  　　　红、子母海棠
- ● **花期**　4～5月
- ● **果期**　8～9月
- ● **高度**　2.5～5米

👁识别要点

　　树枝直立性强。叶片长椭圆形或椭圆形。伞形总状花序，具花4～7，集生于小枝顶端，花径约4厘米，粉红色。果实近球形，径1～1.5厘米，红色。

生态习性　阳性树种，喜光，耐寒，耐干旱。

自然分布　产辽宁、河北、山西、山东、陕西、甘肃、云南。海拔100～2 400米。

园林应用　在古典园林中，最宜植于水滨及小庭一隅，孤植、列植、丛植均极美观；与玉兰、牡丹、桂花相伴，形成"玉棠富贵"的之意。现代园林中，以常绿树种为背景，将西府海棠植于其前方，更显夺目；在园林步道两侧列植，仲春时节，鲜花怒放，非常壮观。

247

榆叶梅

Amygdalus triloba

- **科属** 蔷薇科榆叶梅属
- **别名** 榆梅、小桃红
- **花期** 4～5月
- **果期** 5～7月
- **高度** 2～3米

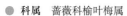 **识别要点**

　　枝条开展。叶片宽椭圆形至倒卵形。花先于叶开放，径2～3厘米，粉红色。果实近球形，红色。

生态习性 喜光，稍耐阴，耐寒，喜中性至微碱性而肥沃土壤，耐旱。

自然分布 产黑龙江、吉林、辽宁、内蒙古、河北、山西、陕西、甘肃、山东、江西、江苏、浙江等地。

园林应用 本种的主要应用方式是在街道、路边作为行道树中的下层灌木来进行应用。还可以种植在园路两旁、庭院建筑前、路口等处，或在假山旁、岩石园等处进行配置。主要采用对植、列植、片植等多种利用形式。也可与其他春花观赏花木配置使用。

郁李

Cerasus japonica

- 科属　蔷薇科樱属
- 别名　爵梅、秧李
- 花期　5月
- 果期　7～8月
- 高度　1～1.5米

👁️ 识别要点

　　叶片卵形或卵状披针形。花1～3朵，簇生，花叶同开或先叶开放，花瓣白色或粉红色。核果近球形，深红色。

　　生态习性　喜光，耐寒，耐旱，耐瘠薄。

　　自然分布　产黑龙江、吉林、辽宁、河北、山东、浙江。生于山坡林下、灌丛中或栽培，海拔100～200米。

　　园林应用　本种在园林中应用不多，主要在公园内配置为主。也可应用于岩石园、居民小区和风景区的路边进行配置应用。

249

珍珠梅

Sorbaria sorbifolia

- **科属** 蔷薇科珍珠梅属
- **别名** 山高粱条子、高楷子
- **花期** 7～8月
- **果期** 9月
- **高度** 2米

👁️ 识别要点

　　羽状复叶，小叶片对生，顶生大型密集圆锥花序，分枝近于直立。花瓣长圆形或倒卵形，白色。蓇葖果长圆形。

生态习性 喜光，也耐阴，耐寒，对土壤要求不严，在肥沃的沙质壤土中生长最好，也较耐盐碱土。

自然分布 产辽宁、吉林、黑龙江、内蒙古，生于山坡疏林中。

园林应用 丛植于草地角隅，窗前，屋后或庭院阴处，效果尤佳。也可作绿篱或切花瓶插。

珍珠绣线菊

Spiraea thunbergii

- **科属** 蔷薇科绣线菊属
- **花期** 4～5月
- **果期** 7月
- **高度** 1～1.5米

👁️识别要点

枝条细长开张，呈弧形弯曲。叶片线状披针形。伞形花序无总梗，具花3～7，花瓣白色。

生态习性 喜光、喜温暖湿润气候，耐寒，耐旱。

自然分布 原产我国华东地区，现在山东、陕西、辽宁等地均有栽培。

园林应用 多栽培于林缘、路边、疏林下、草坪边缘等处，采用丛植、对植和群植等多种应用形式。

紫叶矮樱

Prunus × cistenena 'Pissardii'

- **科属** 蔷薇科李属
- **花期** 4～5月
- **果期** 7～8月
- **高度** 1.8～2.5米

◉识别要点

枝条幼时紫褐色。单叶互生，叶长卵形或卵状长椭圆形，紫红色，先端渐尖，基部宽楔形，锯齿细钝，叶柄近顶端有2腺体。花两性，单生，淡粉红色。核果球形，暗酒红色。

生态习性 喜光，耐寒冷，耐干旱瘠薄，不耐涝，适应性强。根系发达，耐修剪，抗病性强。

自然分布 该种是紫叶李和矮樱的杂交种，现在我国广泛栽培。

园林应用 是优秀的彩叶配置树种，宜孤植、丛植、群植于建筑物前、草坪、路旁、大门边、广场等。

252

紫叶风箱果

Physocarpus opulifolius 'Summer Wine'

- **科属** 蔷薇科风箱果属
- **花期** 5月
- **果期** 8月
- **高度** 1~2米

 **识别要点**

　　枝呈紫色。叶片生长期紫红色，落前暗红色，三角状卵形，缘有锯齿。顶生伞形总状花序，花白色，直径0.5～1厘米。果实膨大呈卵形，果外光滑。

　　生态习性 喜光，耐寒，耐瘠薄。

　　自然分布 栽培品种，现在我国广泛栽培。

　　园林应用 用于城市绿化时。可孤植、丛植和带植。既可庭院观赏，又可作路篱、镶嵌材料和带状花坛背衬，还可作花径或镶边之用。

紫叶李

Prunus cerasifera 'Pissardii'

- 科属　蔷薇科李属
- 别名　红叶李
- 花期　4月
- 果期　8月
- 高度　8米

👁 识别要点

　　多分枝，枝条细长，开展。紫叶李叶片整个生长季节都为紫红色。花瓣白色，边缘波状，基部楔形。核果近球形或椭圆形，径2～3厘米，红色。

生态习性　阳性树种，幼树稍荫蔽，成年树喜光。喜深厚肥沃土壤，耐寒，忌水湿。

自然分布　栽培品种，在我国广泛栽培。

园林应用　可在建筑物前及园路旁或草坪角隅处栽植，或用于街头绿地、小游园和公园等处，采用孤植、列植和群植的配置方式。也可在行道树间可搭配种植。

Lycium chinense

中华枸杞

- 科属　茄科枸杞属
- 花期　6～11月
- 果期　6～11月
- 高度　0.5～1米

👁 识别要点

叶纸质，单叶互生或2～4枚簇生；花冠漏斗状，淡紫色。

生态习性 阳性树种，也耐半阴，耐寒，耐旱，对土壤要求不严。

自然分布 分布于我国东北、河北、山西、陕西、甘肃南部以及西南、华中、华南和华东各地。

园林应用 本种在园林中主要用在岩石园、假山石缝和墙垣等处应用。

255

黑美人接骨木

Sambucus nigra 'Black Beauty'

- 科属　忍冬科接骨木属
- 别名　黑叶接骨木
- 花期　4 ~ 5月
- 果期　6 ~ 7月
- 高度　2米

👁 识别要点

　　奇数羽状复叶，椭圆形至披针形，长5 ~ 12厘米，端尖至渐尖，基部阔楔形，常不对称，缘具锯齿，两面光滑无毛，揉碎后有臭味。圆锥状聚伞花序顶生，花冠辐状，淡粉色。浆果状核果等球形，黑紫色或红色。

生态习性　性强健，喜光，耐寒，耐旱。根系发达，萌蘖性强。

自然分布　栽培品种，华北地区可栽培。

园林应用　宜植于草坪、林缘或水边，也可用于城市、工厂的防护林。

红王子锦带

Weigela florida 'Red Prince'

- 科属　忍冬科锦带花属
- 花期　5月
- 果期　8～9月
- 高度　1.5～2米

👁️识别要点

　　嫩枝淡红色。单叶对生，叶椭圆形。花冠5裂，漏斗状钟形，花色紫红色或红色，花叶同时开放。

生态习性　喜光，喜温暖湿润气候，喜阴，耐干旱。

自然分布　栽培品种，在我国广泛栽培。

园林应用　多用于街头绿地、公园、林缘和草地边缘等处，采用丛植和对植的方式进行绿化应用。

毛核木

Symphoricarpos sinensis

- **科属** 忍冬科毛核木属
- **别名** 红雪果、雪霉
- **花期** 7～9月
- **果期** 9～11月
- **高度** 1～2.5米

 **识别要点**

幼枝红褐色。叶菱状卵形至卵形。花小，组成一短小的顶生穗状花序，花冠白色，钟形。果实卵圆形，蓝黑色。

生态习性 喜光，稍耐阴，耐寒，喜酸性肥沃土壤，不耐旱。

自然分布 主要分布于北美及中美洲，我国引入栽培。

园林应用 优良的观花、观果植物，适合在公园、住宅小区、庭院、公路绿化作为基础种植。主要采用丛植和片植或模纹种植的形式进行绿化应用。

Weigela florida 'Gold Rush'

花叶锦带

● **科属** 忍冬科锦带属

● **花期** 5～7月

● **果期** 10月

● **高度** 1.5～2.5米

👁 识别要点

叶片对生，叶片卵状椭圆形，纸质，草绿色，边缘具白色斑纹。花序顶生或腋生，花色粉红，带白色。蒴果。

生态习性 喜光、耐半阴，喜温暖湿润气候，较耐寒，喜肥沃土壤。

自然分布 栽培品种，华北地区栽培较多。

园林应用 多应用于各类庭院和绿地，也可用于花境等处。

荚蒾

Viburnum dilatatum

- ● 科属　忍冬科荚蒾属
- ● 别名　檕蒾
- ● 花期　5～6月
- ● 果期　9～11月
- ● 高度　1.5～3米

◉ 识别要点

　　单叶，对生，宽倒卵形至椭圆形，边缘有锯齿，纸质。复伞形式聚伞花序稠密。花冠白色，辐状。果实红色，椭圆状卵圆形。

生态习性 喜光，喜温暖湿润气候，也耐阴，耐寒。

自然分布 产河北南部、陕西南部、江苏、安徽、浙江、江西、福建、台湾、河南南部、湖北、湖南、广东北部、广西北部、四川、贵州及云南（保山）。

园林应用 本种在园林中应用不多，仅在公园偶见，主要在路边、草坪边缘等处采用组合种植和片植等方式进行应用。

接骨木

Sambucus williamsii

- **科属** 忍冬科接骨木属
- **别名** 公道老、扦扦活
- **花期** 4～5月
- **果期** 9～10月
- **高度** 5～6米

👁 识别要点

　　老枝淡红褐色。羽状复叶有小叶2～3对，有时仅1对或多达5对。圆锥形聚伞花序顶生，具总花梗，花序分枝多成直角开展；花冠蕾时带粉红色，开后白色或淡黄色，筒短，花药黄色。果实红色，极少蓝紫黑色，卵圆形或近圆形。

生态习性 喜温凉气候，喜湿润、耐寒、耐旱，喜光。

自然分布 产黑龙江、吉林、辽宁、河北、山西、陕西、甘肃；山东、江苏、安徽、浙江、福建、河南、湖北、湖南、广东、广西、四川、贵州及云南等地。

园林应用 多用于街头公园、绿地和生态林地等处，也可栽培于房前屋后。多散植和群植为主。

金叶接骨木

Sambucus williamsii 'Plumosa Arurea'

- **科属** 忍冬科接骨木属
- **别名** 续骨草、公道老
- **花期** 4 ~ 5月
- **果期** 9 ~ 10月
- **高度** 5 ~ 6米

 识别要点

　　羽状复叶有小叶2 ~ 3对，新叶金黄色，老叶绿色。圆锥形聚伞花序顶生，花冠蕾时带粉红色，开后白色或淡黄色。果实红色。

生态习性 喜光，稍耐阴，稍耐寒，耐旱。

自然分布 栽培品种，华北地区可栽培。

园林应用 本种在园林中应用不多，栽培在庭前、公园内、风景林边缘等处。多采用丛植和群植的绿化应用方式。

金叶锦带

Weigela florida 'Rubigold'

● 科属　忍冬科锦带属

● 花期　4 ~ 6月

● 高度　1 ~ 3米

👁 识别要点

　　叶对生，矩圆形、椭圆形至倒卵状椭圆形，长5 ~ 10厘米，金黄色。花单生或成聚伞花序生于侧生短枝的叶腋或枝顶，花冠紫红色或玫瑰红色。

生态习性　性喜光，抗寒，抗旱，管理比较粗放，也较耐阴，喜肥沃、湿润、排水良好的土壤。

自然分布　栽培品种，在我国广泛栽培。

园林应用　红花点缀金叶中，甚为美观。可孤植于庭院的草坪之中，也可丛植于路旁，也可用来做色块，树形格外美观可丛植或作花篱。

金银忍冬

Lonicera maackii

- ● **科属** 忍冬科忍冬属
- ● **别名** 金银花树、金银木
- ● **花期** 5～6月
- ● **果期** 8～10月
- ● **高度** 6米

 识别要点

　　叶纸质，单叶对生，叶卵状椭圆形至卵状披针形，先端渐尖，全缘，两面疏生毛。花芳香，花冠唇形，先白色后变黄色。浆果暗红色，圆形。

生态习性 阳性树种，耐寒，略耐旱，喜微酸性肥沃土壤。

自然分布 在我国广泛栽培。

园林应用 本种在园林中，常丛植于山坡、林缘、草坪边缘、公园路边，也可孤植、对植于建筑小品周围。

蓝叶忍冬

Lonicera korolkowii

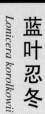

- 科属　忍冬科忍冬属
- 花期　4～5月
- 果期　9～10月
- 高度　2～3米

 **识别要点**

　　树形向上，紧密。单叶对生，叶卵形或卵圆形，全缘，老叶墨绿色泛蓝。花胭脂红色，浆果亮红色。

　生态习性　喜光，稍耐阴，耐寒，耐修剪。

　自然分布　原产土耳其，在我国广泛栽培。

　园林应用　优良的观花、观果植物，可用于公园、住宅小区、庭院、公路绿化，主要采用丛植和片植或模纹种植的形式。

糯米条

Abelia chinensis

- 科属　忍冬科六道木属
- 花期　6～8月
- 果期　9～10月
- 高度　2米

👁 识别要点

　　嫩枝纤细，红褐色，被短柔毛，老枝树皮纵裂。叶对生，有时三枚轮生，圆卵形至椭圆状卵形。聚伞花序集合成一圆锥状花簇，花芳香，花冠白色至红色，漏斗状。

　　生态习性　喜光又耐阴，喜温暖湿润气候，不耐寒，耐旱，耐瘠薄。

　　自然分布　我国长江以南各地广泛分布，在浙江、江西、福建、台湾、湖北、湖南、广东、广西、四川、贵州和云南海拔170～1 500米的山地常见。

　　园林应用　常作为配景树来进行种植，可以在街道、公园路边、小区、庭院门口、模纹花坛等处丛植和群植。还可以种植在假山旁、岩石园等处进行配置。

欧洲荚蒾

Viburnum opulus

- 科属　忍冬科荚蒾属
- 花期　5～6月
- 果期　9～10月
- 高度　1.5～4米

👁 识别要点

　　叶通常3裂，具掌状3出脉。复伞形式聚伞花序直径5～10厘米，大多周围有大型的不孕花；花冠白色；不孕花白色。果实红色。

生态习性　稍耐阴，耐寒，耐旱，自然分布强。

自然分布　原产欧洲。我国北方各地有引种栽培。

园林应用　本种的主要应用方式是在庭院、公园、小区、街头绿地等处，作为配景树进行应用，采取对植、片植、列植等应用形式进行应用。欧洲荚蒾是优秀的观花观果树种。

天目琼花

Viburnum sargentii

- **科属** 忍冬科荚蒾属
- **别名** 鸡树条
- **花期** 5～6月
- **果期** 8～9月
- **高度** 4米

 识别要点

　　树皮暗灰色，浅纵裂。单叶对生，叶宽卵形至卵圆形，常3裂，裂片有锯齿，枝上部叶常为椭圆形至披针形，不裂，3出脉。花两性，聚伞花序复伞状，边缘为白色大型不孕花，中间为乳白色小型可孕花，花冠5裂。浆果状核果近球形，红色。

生态习性 喜光，耐阴，耐寒冷，耐干旱，对土壤要求不严。

自然分布 我国东北南部、华北至长江流域均有分布。

园林应用 宜孤植、丛植于草地、林缘、建筑物周围、路旁、假山石旁。

- 科属　忍冬科猬实属
- 别名　美人木、美丽木
- 花期　5～6月
- 果期　8～9月
- 高度　3米

◉识别要点

　　幼枝红褐色，茎皮剥落。叶椭圆形至卵状椭圆形，长3～8厘米，宽1.5～2.5厘米。伞房状聚伞花序，总花梗长1～1.5厘米；花冠淡红色，长1.5～2.5厘米，直径1～1.5厘米。果实密被黄色刺刚毛，顶端伸长如角。

　喜光，耐寒，耐旱，不耐水湿，喜温凉气候。

自然分布　为我国特有种，产山西、陕西、甘肃、河南、湖北及安徽等地。

园林应用　多应用于岩石园、树林边缘，路上等处配置。

Sambucus nigra

西洋接骨木

- 科属　忍冬科接骨木属
- 别名　加拿大接骨木
- 花期　4～5月
- 果期　7～8月
- 高度　4～10米

◉ 识别要点

　　羽状复叶，具小叶2～6。圆锥形聚伞花序分枝5出，平散，直径达12厘米，花小而多，萼筒长于萼齿，花冠黄白色。果实亮黑色。

生活习性　喜温暖湿润气候，喜光，耐寒，耐旱，不择土壤。

自然分布　原产欧洲，在我国广泛栽培。

园林应用　用于庭院、公园和小区绿地等处，常列植和孤植。

270

结香

Edgeworthia chrysantha

● **科属** 瑞香科结香属

● **别名** 黄瑞香、打结花

● **花期** 2～3月

● **果期** 4～5月

● **高度** 0.7～1.5米

👁 识别要点

　　树冠圆整。叶片硕大，长圆形，披针形至倒披针形。头状花序顶生或侧生，具花30～50朵，黄色。核果卵形。

生态习性 略耐阴，喜排水良好中性至酸性土壤，喜温暖湿润气候，略耐寒。

自然分布 产河南、陕西及长江流域以南地区。

园林应用 本种在古典园林中用于庭前、路旁、园路拐角处、溪畔。现在园林中，可采用丛植、列植和对植的方式在公园、街头绿地和居民小区等地进行绿化应用。

红瑞木

Cornus alba

- **科属** 山茱萸科山茱萸属
- **别名** 凉子木、红瑞山茱萸
- **花期** 6～7月
- **果期** 8～10月
- **高度** 3米

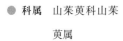

👁️识别要点

　　树皮紫红色。叶对生，纸质，椭圆形，稀卵圆形。伞房状聚伞花序顶生，花小，白色或淡黄白色。核果长圆形，成熟时乳白色或蓝白色。

　　生态习性 喜光，稍耐阴，耐寒，喜中性至微酸性而肥沃土壤，耐修剪。

　　自然分布 产黑龙江、吉林、辽宁、内蒙古、河北、陕西、甘肃、青海、山东、江苏、江西等地。

　　园林应用 主要应用街道、路边作为行道树中的下层灌木或绿篱植物来进行应用。也可以种植在园路两旁、庭院建筑前、路口等处，主要采用列植、丛植、片植群植等多种利用形式。亦可与其他观赏花木搭配使用。

金边红瑞木

Cornus alba 'Spacthii'

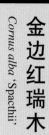

- 科属　山茱萸科梾木属
- 花期　5～6月
- 果期　8～9月
- 高度　3米

👁识别要点

　　叶对生，卵形或椭圆形，整个生长季节叶片呈鲜艳的黄绿相间的斑驳叶色，入秋后叶片转为鲜红色。四季枝干呈鲜艳的红色，顶生伞房状聚伞花序，花白色。核果斜椭圆形。

生态习性　耐寒，喜光，喜略湿的土壤。

自然分布　栽培品种，适合在东北、西北、华北地区栽培。

园林应用　丛植、片植等或与其他灌木搭配效果较好。

273

金叶红瑞木

Swide alba 'Aurea'

- **科属** 山茱萸科梾木属
- **花期** 5～6月
- **果期** 8～9月
- **高度** 2米

识别要点

　　叶对生，卵形或椭圆形，从春至夏叶片呈金黄色，入秋后叶片转为鲜红色，落叶后至春季新叶萌发时，枝干呈鲜艳的红色。顶生伞房状聚伞花序，宽3～5厘米，花白色或黄色。核果斜卵圆形。

生态习性 阳性树种，稍耐阴，抗寒性强，浅根性分蘖，多发条，喜肥沃湿润的沙壤土，抗水湿，稍耐盐碱。

自然分布 栽培品种，适合在我国东北、华北、西北地区栽培。

园林应用 丛植于庭院、草坪、建筑物前或常绿树间，也可栽植为自然式彩篱。

重瓣白花石榴

Punica granatum 'Multiplex'

● 科属　石榴科石榴属

● 花期　5～6月

● 果期　9～10月

● 高度　3～5米

👁️ 识别要点

　　叶通常对生，纸质，矩圆状披针形，长2～9厘米，顶端短尖、钝尖或微凹。花大，1～5朵生枝顶，花初开黄白色，后变白色，重瓣，萼筒长2～3厘米。

生态习性 喜温暖气候，耐干旱，不耐水湿，喜疏松透气的肥沃土壤。

自然分布 栽培品种，在我国广泛栽培。

园林应用 多用于庭前，假山旁。

石榴

Punica granatum

- 科属　石榴科石榴属
- 别名　安石榴、海石榴
- 花期　5～6月
- 果期　9～10月
- 高度　3～5米

识别要点

　　小枝四棱形，具枝刺。单叶对生或簇生，叶倒卵状长椭圆形，全缘。花两性，花瓣红色，有皱褶；花萼橙红色，革质，宿存；1～5朵集生。浆果近球形，径6～8厘米，黄褐色或红褐色，具宿萼。种子多数，外种皮肉质多汁。

生态习性　喜光，较耐寒冷，较耐干旱瘠薄，不耐水涝，喜温暖气候，喜肥沃、湿润、排水良好的石灰质土壤。寿命较长。对有害气体抗性较强。

自然分布　原产于地中海地区，我国黄河流域以南均有栽培。

园林应用　宜丛植于建筑物前、草坪、路旁、亭台、山石旁等，栽植于自然风景区，也可盆栽，或作桩景和瓶养插花观赏。

火焰卫矛

Euonymus alatus 'Compacta'

- **科属** 卫矛科卫矛属
- **别名** 密冠卫矛
- **花期** 5～6月
- **果期** 9～10月
- **高度** 1.5～3米

👁 识别要点

　　树冠顶端较平整，冠幅2～4米。单叶对生，春为深绿色，初秋开始变血红色或火红色。聚伞花序，花色浅红或浅黄色。蒴果。

生态习性 自然分布强，耐寒，全光或遮阴，对土壤要求不严格。

自然分布 栽培品种，在我国北至辽宁，南至贵州、湖南等地均可生长。

园林应用 常作为背景植物栽种，或2～3株成堆栽植，或单株孤植，有的旁边配以绿色或金色的低矮松柏类植物，或是一些阔叶的小灌木。也可做树篱或群植。

文冠果

Xanthoceras sorbifolium

- 科属　无患子科文冠果属
- 别名　崖木瓜、文光果
- 花期　3～5月
- 果期　9～10月
- 高度　2～5米

👁 **识别要点**

　　树皮灰褐色，嫩枝紫褐色，被短茸毛。奇数羽状复叶，小叶9～10，互生。两性花的花序顶生，雄花序腋生。蒴果长达6厘米，黄白色。

生态习性 阳性树种，耐寒，耐旱，耐瘠薄。

自然分布 我国产北部和东北部，西至宁夏、甘肃，东北至辽宁，北至内蒙古，南至河南。

园林应用 本种应用较少，可在公园、居民小区、街头绿地孤植或群植。

278

紫叶小檗

Berberis thunbergii 'Atropurpurea'

- **科属** 小檗科小檗属
- **别名** 红叶小檗
- **花期** 4 ~ 6月
- **果期** 7 ~ 10月
- **高度** 1米

👁️识别要点

　　枝丛生，幼枝紫红色或暗红色，老枝灰棕色或紫褐色。叶薄纸质，匙形或菱状卵形。伞形花序，花黄色，带红色。浆果椭圆形，亮鲜红色。果实椭圆形，果熟后艳红美丽。

生态习性 喜阳，耐半阴，耐寒，但不畏炎热高温。

自然分布 栽培品种，在我国东北、华北地区广泛栽培。

园林应用 主要作为模纹花坛材料，以绿篱和色块种植为主。也可在庭院角隅、假山石边进行应用，多用于公园、街头绿地和居民小区内，主要采用群植和片植方式进行绿化配置。

彩叶杞柳

Salix integra 'Hakuro Nishiki'

- 科属　杨柳科柳属
- 别名　花叶杞柳
- 花期　4月
- 果期　5月
- 高度　1～3米

◉ 识 别 要 点

　　树冠广展，枝条柔软。叶片披针形，早春叶片呈绿、白、黄、粉和红等多种色彩。

生态习性 喜光，耐寒，耐水湿，略耐旱。

自然分布 栽培品种，在我国华北、华东等地区广泛栽培。

园林应用 主要应用于滨水景观岸线带，公园内近水湿地、岸边等处丛植和群植。

PART

5

藤本植物

花叶活血丹

Glechoma hederacea 'Variegata'

- **科属** 唇形科活血丹属
- **花期** 6月
- **高度** 10厘米

识别要点

　　枝条匍匐生长，节处生根，蓬径可达15米。叶小肾形，叶缘具白色斑块，冬季经霜变微红。花淡紫堇色，不显。小坚果未见。

 **生态习性** 耐阴，喜湿润，略耐寒。

自然分布 栽培品种，在我国广泛栽培。

园林应用 作地被植物，应用于花境、公园等处，可以采用片植的方式进行利用。亦可盆栽悬吊观赏。

白花油麻藤

Mucuna birdwoodiana

● 科属　豆科油麻藤属

● 别名　鲤鱼藤、禾雀花

● 花期　4～6月

● 果期　6～11月

● 高度　25米

👁 识别要点

常绿藤本。老茎外皮灰褐色，断面淡红褐色，有3～4偏心的同心圆圈，断面先流白汁，后有血红色汁液形成；幼茎具褐色皮孔，凸起。羽状复叶具3小叶。总状花序生于老枝上或生于叶腋，有花20～30朵，常呈束状，花冠白色或带绿白色。果木质，带形，近念珠状，密被红褐色短茸毛。

生态习性　喜温暖湿润气候和肥沃土壤，生长快速，较耐阴，在山间林下生长甚佳。

自然分布　分布于江西、福建、广东、广西、贵州、四川等地。

园林应用　适合作庭院、公园等地的大型棚架、绿亭、露地餐厅等的顶面绿化；也非常适合种植在假山阳台等地，作为垂直绿化或护坡花木。

283

常春油麻藤

Mucuna sempervirens

● **科属**　蝶形花科油麻藤属

● **别名**　牛马藤、棉麻藤

● **花期**　4～5月

● **果期**　8～10月

● **高度**　25米

　　常绿。树皮有皱纹，幼茎有纵棱和皮孔。羽状复叶具3小叶，小叶纸质或革质，总状花序下垂，长10～35厘米，花冠深亮紫色。荚果木质，长30～60厘米，密被锈色毛。

生态习性　耐阴，喜光喜温暖湿润气候，适应性强，耐寒，耐干旱和耐瘠薄。对土壤要求不严，喜深厚、肥沃、排水良好、疏松的土壤。

自然分布　分布于浙江、江西、福建、湖北、湖南、广西、四川、贵州、云南等地。

园林应用　在自然式庭院及森林公园中栽植更为适宜，可用于大型棚架、崖壁、沟谷等处。

紫藤

Wisteria sinensis

● 科属　豆科紫藤属

● 别名　藤花、葛藤

● 花期　4～5月

● 果期　5～8月

● 高度　10米

👁 识别要点

　　落叶藤本。茎粗壮，分枝多，茎皮灰黄褐色。奇数羽状复叶互生；总状花序，春季开花，蝶形花冠，花紫色或深紫色。

生态习性 耐热、耐寒，对土壤要求不高。

自然分布 产河北以南黄河长江流域及陕西、河南、广西、贵州、云南。

园林应用 多应用于园林棚架和栅栏之上，传统观赏花卉。

络石

Trachelospermum jasminoides

- ● **科属** 夹竹桃科络石属
- ● **别名** 石鲮、石龙藤
- ● **花期** 5～8月
- ● **果期** 5～8月
- ● **高度** 9米

识别要点

　　常绿木质藤本。以茎缠绕爬升。叶卵形，长达10厘米。花白色，极芳香，夏季开放。蓇葖果多，长达15厘米。

生态习性 适应性强。喜光，稍耐阴。耐旱，耐水淹，耐寒性强，耐修剪。

自然分布 原产我国山东、山西、河南、江苏等地。多攀缘于山坡、树林中或岩石上。

园林应用 可植于庭院、公园、院墙、石柱、亭、廊、陡壁等攀附点缀，十分美观。因其茎触地后易生根，耐阴性好，所以也是理想的地被植物，可做疏林草地的林间、林缘地被。可做污染严重厂区、公路护坡等环境恶劣地块的绿化，也可与金叶女贞、红叶小檗搭配作色带色块绿化用。

珊瑚藤

Antigonon leptopus

● **科属**　蓼科珊瑚藤属

● **别名**　凤冠、连理藤、
　　　　红珊瑚

● **花期**　3～12月

● **高度**　10米

👁 识别要点

常绿藤本植物。块根肥厚。茎有棱和卷须。叶卵形或卵状三角形，基部心形，长6～14厘米。花序总状，顶生或腋生，花序轴顶部延伸变成卷须，花淡红色或白色，花瓣5，微香。有重瓣园艺品种。

生态习性　喜温暖，喜光，喜湿润肥沃的酸性土壤。

自然分布　原产墨西哥，我国台湾、福建、广东、广西、云南有栽培。

园林应用　多作庭院垂直绿化，可用于攀缠花架、花棚和篱垣，也可植于坡地自成花丛，还可用作切花。

铁线莲

Clematis florida

- 科属　毛茛科铁线莲属
- 别名　东北铁线莲、
　　　　架子菜
- 花期　6 ~ 7月
- 高度　4米

识别要点

落叶或半常绿藤本。茎下部木质化。二回三出复叶，小叶卵形或卵状披针形。花单生叶腋，直径5 ~ 8厘米；萼片6枚，白色，倒卵圆形或匙形，长达3厘米，宽1.5厘米；雄蕊紫红色。瘦果倒卵形，扁平，宿存花柱伸长成喙状，下部有开展的短柔毛。园艺品种较多，花型多变，花色丰富。

生态习性 喜光，喜疏松、排水良好的石灰质土壤，耐寒性较差。铁线莲品种不同花期有差别。

自然分布 产我国长江中下游地区至华南地区。

园林应用 优美的垂直绿化材料，还可用于点缀园墙、棚架、凉亭、门廊、假山等，极为优雅别致。

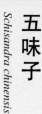

五味子

Schisandra chinensis

- 科属　木兰科五味子属
- 花期　5～6月
- 果期　8～9月
- 高度　8米

👁️ 识别要点

　　落叶藤本。除幼叶下面被短柔毛外，余无毛。幼枝红褐色，老枝灰褐色，枝皮片状剥落。叶膜质，宽椭圆形、卵形或倒卵形，疏生短腺齿，基部全缘。花白色或粉红色，花被片6～9，长圆形或椭圆状长圆形，柱头鸡冠状。聚合果长1.5～8.5厘米；小浆果红色，近球形，径6～8毫米。

生态习性　耐寒性强，较耐阴，喜肥沃湿润、排水良好的土壤。

自然分布　产黑龙江、吉林、辽宁、内蒙古、河北、山西、宁夏、甘肃、山东。

园林应用　优良的垂直绿化材料，可作篱垣、棚架、门厅绿化材料或缠绕大树、点缀山石。

木通 *Akebia quinata*

- **科属** 木通科木通属
- **别名** 通草、野木瓜
- **花期** 4～5月
- **果期** 6～8月
- **高度** 3米

识别要点

落叶木质藤本。茎纤细，圆柱形，缠绕。掌状复叶互生或在短枝上的簇生。伞房花序式的总状花序腋生，长6～12厘米，疏花，基部有雌花1～2朵；萼片通常3，有时4片或5片，淡紫色。果成熟时紫色，腹缝开裂。

生态习性 喜光、也耐阴，较耐寒。

自然分布 产于长江流域各地。

园林应用 用于廊架、假山和墙壁等处立体绿化。

地锦

Parthenocissus tricuspidata

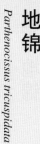

- 科属　葡萄科地锦属
- 别名　爬山虎、爬墙虎、遍山龙
- 花期　6月
- 果期　9～10月
- 高度　18米

识别要点

　　大型落叶木质藤本。叶互生，基部楔形，常三裂或全缘，叶片及叶脉对称。

生态习性　自然分布强，性喜阴湿环境，但不怕强光，耐寒，耐旱，耐贫瘠。

自然分布　除海南外，在我国广泛栽培。

园林应用　用于庭院墙壁、围栏、庭院入口处、桥头等处，也可用于花廊和花架。

五叶地锦

Parthenocissus quinquefolia

- 科属　葡萄科地锦属
- 花期　6 ~ 7月
- 果期　8 ~ 10月
- 高度　20米

👁 识 别 要 点

　　落叶木质藤本。小枝圆柱形，无毛。卷须总状5 ~ 9分枝，相隔2节间断与叶对生。叶为掌状5小叶。花序假顶生形成主轴明显的圆锥状多歧聚伞花序，长8 ~ 20厘米；花瓣5，长椭圆形，观赏性不高。

生态习性 喜光，耐寒，耐旱，耐瘠薄，不择土壤。

自然分布 原产北美，现在我国广泛栽培。

园林应用 用于屋面、墙面、篱笆和廊架绿化。

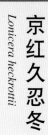

京红久忍冬

Lonicera heckrottii

● **科属** 忍冬科忍冬属

● **别名** 京红久金银花

● **花期** 3 ~ 10月

● **高度** 10米以上

◎识别要点

　　叶对生，叶片卵状椭圆形。花冠两轮，外轮玫红色，内轮黄色，具香味，花期长，4 ~ 6个月。

生态习性 喜光，喜湿润的沙壤土，耐旱，耐寒，耐半阴。

自然分布 栽培品种，现在我国广泛栽培。

园林应用 多用于廊架、墙垣和篱笆等处绿化。

忍冬

Lonicera japonica

● **科属** 忍冬科忍冬属

● **别名** 金银花、二苞花

● **花期** 4 ~ 6月

● **果期** 10 ~ 11月

● **高度** 10米

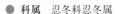

👁 **识别要点**

　　半常绿藤本。小枝细长，中空。夏季开花，花成对生于叶腋，花色初为白色，渐变为黄色。浆果，熟时黑色。

生态习性 喜阳，耐阴，耐寒性强，也耐干旱和水湿，对土壤要求不严。

自然分布 除黑龙江、内蒙古、宁夏、青海、新疆、海南和西藏无自然生长外，全国各地均有分布。

园林应用 可缠绕篱垣、花架、花廊等作垂直绿化材料，也可附在山石上，显古拙之意。

294

薜荔

Ficus pumila

● 科属　桑科榕属

● 别名　凉粉子、木莲

● 花期　5～8月

● 果期　5～8月

● 高度　10米

识别要点

　　常绿藤本。叶片有大小二型，小叶生于营养枝上，薄纸质，卵形，长约2.5厘米；大叶生于繁殖枝上，近革质，椭圆形，长5～10厘米。榕果单生叶腋，瘿花果梨形，雌花果近球形，榕果幼时被黄色短柔毛，成熟黄绿色或微红。瘦果近球形，有黏液。

生态习性　喜温暖湿润的环境，耐阴，耐旱，不耐寒，酸性、中性土壤皆可生长。

自然分布　产福建、江西、浙江、安徽、江苏、台湾、湖南、广东、广西、贵州、云南东南部、四川及陕西。

园林应用　北方常栽于温室内北墙下，江南各地常露地栽植，用于绿化岩石，形成十几米高的绿化带。

使君子

Quisqualis indica

- ● **科属** 使君子科使君子属
- ● **别名** 舀求子、史君子
- ● **花期** 5～6月
- ● **果期** 10～11月
- ● **高度** 2～8米

◉ 识别要点

　　落叶藤本。小枝被棕黄色短柔毛。叶对生或近对生，叶片膜质，卵形或椭圆形，长5～11厘米，宽2.5～5.5厘米。顶生穗状花序，花白色，花瓣5，有香气。果橄榄核状，有5～7棱，黑褐色。

生态习性 喜温暖湿润，喜光，喜疏松、排水良好、腐殖质多的土壤。

自然分布 产福建、台湾、江西南部、湖南、广东、广西、四川、云南、贵州。

园林应用 南方地区适作篱垣、棚架攀缘，或丛栽坡地，北方地区多温室栽培观赏。

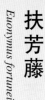

扶芳藤

Euonymus fortunei

● 科属　卫矛科卫矛属

● 别名　金线风、九牛造

● 花期　6月

● 果期　10月

● 高度　2～8米

识别要点

常绿藤本。叶薄革质。聚伞花序，花白绿色。蒴果，粉红色。

生态习性 喜温暖湿润气候，喜光，耐寒，耐旱，耐贫瘠，耐水湿。

自然分布 产江苏、浙江、安徽、江西、湖北、湖南、四川、陕西等地。

园林应用 主要配合石景还进行应用，也可在园林中作为常绿地被植物。

金边扶芳藤

Euonymus fortunei 'Emerald Gold'

- ● 科属　卫矛科卫矛属
- ● 花期　6月
- ● 果期　10月
- ● 高度　5米

◉识别要点

　　常绿藤状灌木。匍匐或以不定根攀缘，小枝近四棱形。叶小似舌状，较密实，有光泽，镶有宽的金黄色边，入秋后霜叶为红色。蒴果，粉红色。

生态习性　喜温暖湿润的气候，喜光，耐阴，耐干旱瘠薄，耐寒性强，对土壤要求不高，但最适合在湿润、肥沃的土壤中生长。

自然分布　栽培品种，在我国广泛栽培。

园林应用　可用于墙面、林缘、岩石、假山、树干攀缘，也可用作常绿地被植物。

熊掌木

Fatshedera lizei

- **科属** 五加科熊掌木属
- **别名** 五角金盘
- **花期** 9 ～ 10 月
- **高度** 1 米

👁 识别要点

　　常绿藤蔓植物，茎初时草质，后转木质，叶碧绿，有光泽，呈掌状，五裂，似熊掌状，故名熊掌木。成年植株开绿色小花。

生态习性 喜半阴环境，耐阴，喜温暖湿润气候。

自然分布 栽培品种，华北地区夏季栽培，冬季需在温室越冬。

园林应用 适合于林下群植做地被，也可用于阴生花境。

299

茑萝

Quamoclit pennata

- ● 科属　旋花科茑萝属
- ● 别名　金丝线、锦屏封
- ● 花期　7 ~ 10月
- ● 高度　2 ~ 4米

 识别要点

　　一年生缠绕草本植物。单叶互生，羽状深裂，裂片线形，细长如丝。聚伞花序腋生，着花数朵，花从叶腋下生出，花柄较花萼长，长9 ~ 20毫米。上着数朵五角星状小花，鲜红色。蒴果，少见。

生态习性　喜光，喜温暖湿润环境。

自然分布　原产热带美洲，现在我国广泛栽培。

园林应用　多用于装饰围墙、木栅栏等。

叶子花

Bougainvillea spectabilis

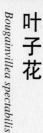

● **科属**　紫茉莉科叶子花属

● **别名**　毛宝巾、九重葛、

　　　　　三角花

● **花期**　5～10月

● **高度**　7米

👁 识别要点

　　藤状灌木。枝、叶密生柔毛。刺腋生、下弯。叶互生，叶片卵圆至椭圆状披针形，常全缘，具柄。花3朵聚生于枝端，不显著，为有色的苞片所包围，苞片形似叶，颜色似花，为主要观赏部分，苞片椭圆状卵形，鲜红色。

生态习性　喜阳光充足，喜温暖湿润气候，要求肥沃、沙质壤土。

自然分布　原产热带美洲，在我国南方广泛栽培。

园林应用　在我国南方可露地栽培，可用作围垣、门篱、绿篱。北方适作盆栽，立支柱，新梢生长以前进行修剪，可以扎成各种形式。

凌霄

Campsis grandiflora

- **科属** 紫葳科凌霄属
- **别名** 紫葳、女葳花
- **花期** 5～8月
- **果期** 9～11月
- **高度** 7～10米

◉ 识别要点

　　落叶攀缘藤本，以气生根攀附于他物之上。奇数羽状复叶，对生。花萼钟状，花冠内面鲜红色，外面橙黄色。

生态习性 喜光，耐半阴，耐寒、耐旱、耐瘠薄、耐盐碱。

自然分布 产长江流域各地，以及河北、山东、河南、福建、广东、广西、陕西、台湾。

园林应用 为园林中棚架、花门绿化材料，用于攀缘墙垣、枯树、石壁均可，是理想的城市垂直绿化材料。

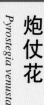

炮仗花

Pyrostegia venusta

● **科属** 紫葳科炮仗藤属

● **别名** 黄鳝藤

● **花期** 1～6月

● **高度** 8米以上

识别要点

　　常绿藤本。小枝有纵纹。三出复叶对生，小叶卵形至卵状矩圆形，长5～8厘米。聚伞圆锥花序顶生，花冠管状至漏斗状，橘红色，花繁密。

生态习性 喜光，喜温暖湿润气候，耐半阴，不耐寒，忌水湿，在酸性土壤中生长良好。

自然分布 原产南美洲，我国广东、海南、广西、福建、台湾、云南等地均有栽培。

园林应用 可用大盆栽植，置于花棚、花架、茶座、露天餐厅、庭院门首等处，作顶面及周围的绿化，景色殊佳；也宜地植作花墙，覆盖土坡、石山，或用于高层建筑的阳台作垂直或铺地绿化，显示富丽堂皇，是华南地区重要的攀缘花木。

303

蒜香藤

Mansoa alliacea

- ● 科属　紫葳科蒜香藤属
- ● 别名　紫铃藤、张氏紫葳
- ● 花期　3 ~ 11 月
- ● 高度　3 ~ 3.6 米

◉ 识 别 要 点

　　常绿藤本。三出复叶对生，小叶椭圆形，顶小叶常呈卷须状或脱落，小叶长7 ~ 10 厘米，宽3 ~ 5 厘米，叶揉搓有蒜香味。全圆锥花序腋生，花冠筒状，花瓣前端5裂，紫色。蒴果，少见。

生态习性　喜温暖湿润气候，阳光充足的环境，对土质要求不严。

自然分布　原产南美洲的圭亚那和巴西，在我国分布于华南亚热带常绿阔叶林区、热带雨林区。

园林应用　可作为篱笆、围墙美化或凉亭、棚架装饰之用，还可作阳台的攀缘或垂吊花卉。

PART

6

一二年生草本

醉蝶花

Cleome spinosa

● **科属** 白花菜科醉蝶花属

● **别名** 紫龙须、凤蝶草

● **花期** 5 ~ 6月

● **果期** 8 ~ 9月

● **高度** 90 ~ 120厘米

◉ 识别要点

　　全株被腺毛。掌状复叶，小叶5 ~ 7枚，长圆状被针形，叶柄基部有托叶刺。总状花序顶项，花白色或紫色，花瓣倒卵形，花蕊突出如爪，形似蝴蝶飞舞，花色娇艳，初为粉白，次转粉红，后变紫红，一花多色，兼具蜜腺，常令飞蝶陶醉，因此名醉蝶花。蒴果，果圆柱形，长5.5 ~ 6.5厘米。

生态习性 喜高温，较耐暑热，忌寒冷。喜光，半阴地亦能生长良好，对土壤要求不严。

自然分布 原产热带美洲，现在我国广泛栽培。

园林应用 可在花境、林缘、树下栽植，也可作花坛、盆花应用。

Moluccella laevis

贝壳花

- 科属　唇形科贝壳花属
- 别名　领圈花、象耳
- 花期　6～7月
- 高度　40～100厘米

识别要点

　　茎杆直立，茎四棱，通常不分枝。花白色，6朵轮生，花冠唇状，着生萼筒底部，比萼短，具芳香，花萼绿色似贝壳，故名贝壳花。叶对生，柄长，心脏状圆形，疏生钝齿牙。

生态习性　喜光，喜温暖，适宜肥沃、排水良好土壤。

自然分布　原产亚洲西部，我国台湾、云南等地有引种。

园林应用　花形奇特，素雅美观，可植于花坛、花境或草坪边缘。

红花鼠尾草

Salvia coccinea

- 科属　唇形科鼠尾草属
- 别名　红唇、朱唇
- 花期　7～9月
- 果期　9～10月
- 高度　30厘米

 识别要点

茎直立分枝。叶卵形或卵状三角形。花序顶生，花红或粉红色，二唇形。

生态习性 喜温暖湿润气候，喜光，耐半阴，耐寒，喜深厚、肥沃土壤。

自然分布 原产北美南部地区，现在我国广泛栽培，华北地区做一年生栽培。

园林应用 可用于花境、花坛，采用块状种植和丛植为主；也可用于街头绿地、小游园等处，采用条块状种植的方式进行园林应用。

一串红

Salvia splendens

● 科属　唇形科鼠尾草属

● 别名　爆仗红、墙下红

● 花期　3 ～ 10 月

● 高度　80 ～ 100 厘米

◉识别要点

　　茎钝四棱。叶卵圆形或三角形卵圆状。顶生总状花序，花序长，苞片卵圆形，红色，较大，花萼钟形，红色，花冠红色，冠筒筒状，直伸，在喉部略增大，冠檐二唇形，花形十分美丽。小坚果，少见。

生态习性　喜光、也耐半阴，不耐寒，喜肥沃疏松土壤。

自然分布　原产巴西，现在我国各地广泛栽培，作观赏用。

园林应用　广泛应用于花坛、花境及公园绿地片植或作为色块种植。

益母草

Leonurus artemisia

- ● 科属　唇形科益母草属
- ● 别名　九重楼、野麻
- ● 花期　6～9月
- ● 果期　9～10月
- ● 高度　1.2米

◉识别要点

　　茎直立，有棱。叶对生，有毛，茎下部叶卵形，掌状3裂，裂片再分裂；中部叶片3裂，裂片短圆形；花序部位叶片条形。轮伞花序，萼筒状针形，花冠粉红色至浅紫红色。小坚果长圆状三棱形，淡褐色，光滑。

生态习性　喜半阴或光线充足，喜疏松、富含腐殖质的土壤，对土壤要求不严。

自然分布　原产亚洲、非洲、美洲，在我国各地均有分布。

园林应用　适用于岩石园、野生花园、花境种植。

凤仙花

Impatiens balsamina

- **科属** 凤仙花科凤仙花属
- **别名** 指甲花、急性子、女儿花
- **花期** 7～10月
- **高度** 60～100厘米

👁 识别要点

茎粗壮，肉质，直立。叶互生，最下部叶有时对生；叶片披针形、狭椭圆形或倒披针形，长4～12厘米、宽1.5～3厘米，先端尖或渐尖。花单生或2～3朵簇生于叶腋，无总花梗，白色、粉红色或紫色，单瓣或重瓣。

生态习性 喜光，耐旱，喜水湿，略耐寒。

自然分布 原产印度和马来西亚，在我国大部分城市园林绿化均可应用。

园林应用 常用于花坛、花境，可应用于不同绿地，也可盆栽观赏。

紫御谷

Pennisetum glaucum 'Purple Majesty'

- ● 科属　禾本科狼尾草属
- ● 别名　观赏谷子
- ● 花期　6～7月
- ● 果期　8～10月
- ● 高度　3米

👁 识别要点

　　叶片宽条形，暗绿色并带紫色。圆锥花序紧密呈柱状，主轴硬直，密被茸毛，小穗倒卵形，每小穗有2小花，第一花雄性，第二花两性。颖果倒卵形。

生态习性 喜光，喜温凉气候，喜疏松肥沃土壤。

自然分布 栽培品种，在我国华北地区栽培广泛。

园林应用 多在花境和花坛丛植应用，也可在公园、绿地的路边、山石边、水岸边或墙垣边片植观赏。

Viola tricolor

三色堇

- **科属** 堇菜科堇菜属
- **别名** 蝴蝶花、猫儿脸
- **花期** 4～6月
- **果期** 5～7月
- **高度** 20厘米

👁 识别要点

全株光滑，茎长而分枝，常卧于地面。基生叶长卵形、具柄，茎生叶卵形。原种每朵花一般都具有紫、黄、白三色，对称自然分布于花瓣上，形同猫脸，俗名猫儿脸。

生态习性 喜阳光充足、凉爽的气候，较耐寒，不耐高温和积水，对土壤要求不严。

自然分布 原产欧洲，现在我国广泛栽培。

园林应用 广泛应用于花坛、花境、花丛、草坪边缘绿化景观，也可盆栽布置阳台、窗台。

白晶菊

Mauranthemum paludosum

- 科属　菊科白舌菊属
- 别名　小白菊
- 花期　3～5月
- 果期　5月
- 高度　15～25厘米

👁 识 别 要 点

　　叶互生。顶生头状花序，花圆盘状，边缘舌状花银白色，中间筒状花金黄色。瘦果。

生态习性　喜温暖、湿润和阳光充足的环境。较耐寒，耐半阴。

自然分布　原产北非，西班牙，现在我国广泛栽培。

园林应用　适用于花坛、庭院、花境布置，也可作为地被花卉栽种。

百日草

Zinnia elegans

- 科属　菊科百日菊属
- 别名　百日菊、步步高
- 花期　6～9月
- 果期　7～10月
- 高度　30～100厘米

识别要点

　　茎直立。单叶对生。头状花序单生枝端，舌状花呈深红色、玫瑰色、紫堇色或白色等。

生态习性　喜温暖，不耐寒，喜光，怕酷暑，耐干旱，耐瘠薄。

自然分布　原产墨西哥，在河北地区生长势强，表现良好。春播。

园林应用　多用于花坛、花境等处，也可在园路两侧呈带状种植，也常用于盆栽。

315

波斯菊

Cosmos bipinnata

- 科属　菊科秋英属
- 别名　秋英、秋缨、扫
　　　　帚梅
- 花期　6～8月
- 果期　9～10月
- 高度　1～2米

👁 识 别 要 点

　　叶二次羽状深裂。头状花序单生，径3～6厘米；舌状花呈紫红色、粉红色或白色。瘦果黑紫色。

生态习性 喜光，耐旱，耐贫瘠，忌炎热，忌积水。

自然分布 原产墨西哥，在我国华北地区生长势强、表现优秀。

园林应用 适用于在草地边缘和树丛周围，以及路旁成片栽植，也适合作花境背景材料，片植和群植于郊野公园，形成优美景观。

大花藿香蓟

Ageratum houstonianum

- ● **科属** 菊科藿香蓟属
- ● **别名** 心叶藿香蓟
- ● **花期** 7 ~ 10 月
- ● **果期** 7 ~ 10 月
- ● **高度** 15 ~ 25 厘米

识别要点

植株丛生紧密。叶皱，基部心形。花序较大，花色有蓝、淡紫、雪青、粉红和白色。

生态习性 喜光照充足，喜温暖、湿润环境，不耐寒。对土壤要求不严，适应性强，可自播繁衍。

自然分布 原产秘鲁、墨西哥，现在我国云南西部广泛分布。

园林应用 适合布置夏、秋季花坛，花境，花丛，花群或沿小径边种植。

观赏向日葵

Helianthus annuus

- **科属**　菊科向日葵属
- **花期**　7～9月
- **果期**　8～9月
- **高度**　1～3米

 识别要点

　　茎直立，粗壮，被白色粗硬毛，不分枝或有时上部分枝。叶互生，心状卵圆形或卵圆形，顶端急尖或渐尖，有三出脉，边缘有粗锯齿，两面被短糙。

　　生态习性　喜光花卉，整个生长发育期均需充足阳光。土壤以疏松、肥沃的壤土为宜，盆栽用培养土、腐叶土和粗沙的混合土。

　　自然分布　原产北美，现在我国广泛栽培。

　　园林应用　多用于庭院美化及花境营造等领域。

黑心菊

Rudbeckia hirta

- 科属　菊科金光菊属
- 别名　黑眼菊、光辉菊
- 花期　8～10月
- 果期　9～11月
- 高度　30～100厘米

👁 识别要点

　　下部叶长卵圆形或匙形，有三出脉。头状花序，径5～7厘米，舌状花鲜黄色。瘦果。

生态习性　喜光，耐干旱，耐寒，不择土壤。

自然分布　原产美国东部，在华北地区生长旺盛，生长势强，适应性强。

园林应用　常用作花境材料，也可路边列状种植。

黄晶菊

Coleostephus multicaulis

- ● **科属** 菊科鞘冠菊属
- ● **别名** 春俏菊
- ● **花期** 1～5月
- ● **果期** 5月
- ● **高度** 15～20厘米

👁 识别要点

　　茎具半匍匐性。叶互生，肉质，长条匙状。头状花序顶生，圆盘状，舌状花、管状花均为金黄色。

生态习性 喜温暖湿润气候和阳光充足的环境，较耐寒，耐半阴。

自然分布 原产阿尔及利亚，在我国作一年生草花栽培。

园林应用 适合于花坛、花境种植，草坪边缘及庭院美化。

藿香蓟

Ageratum conyzoides

- ● **科属** 菊科藿香蓟属
- ● **别名** 胜红蓟
- ● **花期** 7～10月
- ● **果期** 7～10月
- ● **高度** 30～60厘米

👁 识别要点

全株被白色柔毛。基部多分枝，丛生状。单叶对生，叶片卵形至圆形。头状花序较小，聚伞状着生枝顶；小花全为筒状花，蓝色或粉白色。

生态习性 喜温暖湿润气候和阳光充足的环境，不耐寒。对土壤要求不严，适应性强，可自播繁衍。

自然分布 原产秘鲁、墨西哥。分布于中南半岛及我国云南西部。

园林应用 适合布置夏、秋季花坛，花境，花丛，花群或沿小径边种植。

321

金光菊

Rudbeckia laciniata

- 科属　菊科金光菊属
- 别名　黄菊、假向日葵
- 花期　7 ~ 10 月
- 果期　9 ~ 11 月
- 高度　50 ~ 200 厘米

👁 识别要点

　　多年生草本植物，多作为一二年生栽培。叶互生，不分裂或羽状 5 ~ 7 深裂。头状花序单生于枝端。舌状花金黄色。瘦果。

生态习性　喜光，耐旱，忌水湿。在排水良好、疏松的沙质土壤中生长良好。

自然分布　原产北美，现在我国广泛栽培。

园林应用　可植于公园、街头绿地等处，也可植于花径和花境等处作为背景材料，或植于疏林草地边缘，颇具野趣。主要应用形式以条块状种植和自然式片植为主。

金盏菊

Calendula officinalis

- 科属　菊科金盏花属
- 花期　4～9月
- 果期　6～10月
- 高度　30～50厘米

👁 识别要点

　　单叶互生，在基部叶为匙形，上部为椭圆形。花生于茎顶端，头状花序，黄色或橘黄色，也有重瓣、卷瓣和绿心、深紫色花心等栽培品种。瘦果，呈船形、爪形。

生态习性 喜光、忌酷暑，较耐寒，喜疏松肥沃土壤。

自然分布 原产南欧、地中海，现在我国广泛栽培。

园林应用 适合用于花坛、花境及组成彩带色块，也可作切花观赏。

孔雀草

Tagetes patula

- **科属** 菊科万寿菊属
- **花期** 7 ~ 9 月
- **果期** 9 ~ 10 月
- **高度** 20 ~ 50 厘米

识别要点

　　茎直立，基部分枝。叶羽状分裂。舌状花金黄色或橙色，带有红色斑，管状花花冠黄色，花形与万寿菊相似，但较小而繁多。瘦果线形。

生态习性 喜光，但在半阴处栽植也能开花，对土壤要求不严，生长迅速。

自然分布 原产墨西哥，现在我国广泛栽培。

园林应用 花色醒目，适合用于花坛、广场、花境、庭院布置。

硫黄菊

Cosmos sulphureus

- 科属　菊科秋英属
- 别名　硫华菊、
  黄波斯菊
- 花期　春播6～8月
  夏播9～10月
- 果期　春播8～10月
  夏播11～12月
- 高度　120厘米

👁️ 识别要点

叶为对生的二回羽状复叶。花生枝顶，舌瓣花黄色或橙黄色，花径4～7厘米。

生态习性　喜光，喜温暖，不耐寒，忌酷热。耐干旱、瘠薄，喜排水良好的沙质土壤。

自然分布　原产中南美洲，现在我国广泛栽培。

园林应用　在草坪及林缘自然式种植，也可在园路两侧列植，群植效果佳。

千瓣葵

Helianthus decapetalus

- 科属　菊科向日葵属
- 花期　7 ~ 9 月
- 果期　9 ~ 10 月
- 高度　30 ~ 50 厘米

👁 识别要点

叶互生，宽卵形，先端尖，基部心形，头状花序单生于茎顶，重瓣花金黄色，瘦果灰色或黑色。

生态习性 喜温暖、向阳环境，不耐寒，宜于深厚、肥沃的沙壤土生长。

自然分布 原产北美，现在我国广泛栽培。

园林应用 可用于庭院绿化、布置花坛，也可盆栽观赏。

万寿菊

Tagetes erecta

- **科属** 菊科万寿菊属
- **别名** 臭芙蓉、臭菊花
- **花期** 7 ~ 9 月
- **果期** 9 ~ 11 月
- **高度** 50 ~ 150 厘米

◉ 识别要点

茎直立。叶羽状分裂。头状花序单生，径5 ~ 8 厘米，舌状花黄色或暗橙色。

生态习性 喜温暖，喜光，但稍能耐早霜，耐半阴，抗性强。

自然分布 原产墨西哥，我国各地均有栽培。

园林应用 多用于花坛、花境等处，也可在园路两侧呈带状种植。

地肤

Kochia scoparia

- ● **科属** 藜科地肤属
- ● **别名** 扫帚草、孔雀松
- ● **花期** 6～9月
- ● **果期** 7～10月
- ● **高度** 50～100厘米

👁 识别要点

　　根略呈纺锤形。茎直立，圆柱状，淡绿色或带紫红色，有多数棱，稍有短柔毛或下部几无毛；分枝稀疏，斜上。叶为披针形或条状披针形。胞果扁球形，果皮膜质，与种子离生。

生态习性 喜温，喜光，耐干旱，不耐寒，对土壤要求不严格，较耐碱性土壤。

自然分布 在我国广泛栽培。

园林应用 可用于花坛、花境、花丛、花群等。

大花马齿苋
Portulaca grandiflora

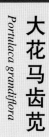

- **科属** 马齿苋科马齿苋属
- **别名** 太阳花
- **花期** 6～9月
- **果期** 8～11月
- **高度** 10～30厘米

👁 识别要点

　　茎平卧或斜升，紫红色，多分枝，节上丛生毛。叶密集枝端，较下的叶分开，不规则互生，叶片细圆柱形，无毛。花单生或数朵簇生枝端，直径2.5～4厘米，昼开夜闭；总苞8～9片，叶状，轮生，具白色长柔毛；花瓣5或重瓣，红色、紫色或黄白色。蒴果近椭圆形。

生态习性 喜温暖、阳光充足的环境，阴暗潮湿之处生长不良。极耐瘠薄，一般土壤都能适应，对排水良好的沙质土壤特别钟爱。

自然分布 原产巴西，现在我国广泛栽培。

园林应用 可用于花坛、花境，成片种植也可形成十分优美的景观。

翠雀

Delphinium grandiflorum

- 科属　毛茛科翠雀属
- 别名　飞燕草
- 花期　5 ~ 10 月
- 果期　9 ~ 10 月
- 高度　35 ~ 65 厘米

◉识别要点

叶片圆五角形，三全裂，总状花序，花形别致，形似一只燕子，小花萼片花瓣状、蓝色、紫蓝色或白色，上萼片有长距，花瓣蓝色，有长距，伸入萼距之中，退化雄蕊瓣片近圆形，中央具黄色髯毛。蓇葖果，长1.4 ~ 1.9厘米。

生态习性　喜光照充足、凉爽、通风的环境。

自然分布　分布于云南（昆明以北）、四川西北部、山西、河北、内蒙古、辽宁和吉林的西部、黑龙江。

园林应用　适合用于庭院、公园景观布置，用于夏、秋季花境布置。

二月兰

Orychophragmus violaceus

- 科属　十字花科诸葛菜属
- 别名　诸葛菜
- 花期　4～5月
- 果期　5～6月
- 高度　30～60厘米

◉ 识别要点

　　全株无毛。茎直立，基生叶及下部茎生叶大头羽状全裂，顶生裂片近圆形或短卵形，侧生裂片卵形或三角状卵形，叶柄疏生细柔毛。花紫色、浅红色或褪成白色，花萼筒状，紫色，花瓣宽倒卵形，密生细脉纹。角果圆柱形。

　生态习性　耐寒，喜光，对土壤要求不严，在疏松、肥沃、土层深厚的地块生长更好。

　自然分布　原产我国东北及华北地区，现在我国广泛分布。

　园林应用　早春观花，冬季观绿的地被植物。配置于树池、坡上、树荫下、篱边、路旁、草地、假山石周围、山谷中等。还可应用于自然式带状花坛，花境的背景材料，岩石园的耐瘠薄植物。

羽衣甘蓝

Brassica oleracea var. acephala f. tricolor

- 科属　十字花科芸薹属
- 别名　花椰菜、叶牡丹
- 花期　4月
- 观叶期　12月至翌年3月
- 果期　6月
- 高度　30～40厘米

👁 识 别 要 点

　　第一年植株形成莲花状叶片，经冬季低温，于翌春抽薹、开花并结实。长叶期具短缩茎，株高30～40厘米，抽薹后可达100～120厘米，花色呈金黄、黄、橙黄。茎生叶倒卵圆形，被有白粉，外部叶呈粉蓝绿色，边缘呈细波状皱褶；内叶叶色极为丰富，有紫红、粉红、黄绿、乳白。长角果细圆柱形。

生态习性　喜光，喜冷凉气候，极耐寒，耐热，对土壤要求不严。

自然分布　在我国广泛栽培。

园林应用　是冬季和早春重要的观叶花卉，多用作花坛、花境布置。

凤尾鸡冠花

Celosia argentea var. plumosa

- 科属 苋科青葙属
- 花期 6~10月
- 株高 30 ~ 80厘米

👁 识别要点

花穗丰满，形似火炬。花色紫红、红、橙、黄。其余特征同鸡冠花（见P334）。

 喜光，喜炎热和干燥气候，不耐寒，喜疏松而肥沃的土壤。

自然分布 原产于印度及亚热带地区，在我国广泛栽培。

园林应用 可用于花境、花坛中心。矮生品种适宜作花坛、草地镶边或作盆栽观赏。有的品种还可作切花材料。

鸡冠花

Celosia cristata

- **科属** 苋科青葙属
- **别名** 鸡公花
- **花期** 6 ～ 11 月
- **果期** 6 ～ 11 月
- **高度** 30 ～ 90 厘米

👁 识别要点

　　茎直立粗壮，单叶互生，肉穗状花序顶生，扁平鸡冠形，花色多为红色，也有金黄、淡红、橙红等色。胞果卵形，种子黑色有光泽。

生态习性 喜温暖干燥气候，怕干旱，喜阳光，不耐涝，不耐寒，宜疏松且肥沃的土壤。

自然分布 原产印度及亚热带地区，现在我国广泛栽培。

园林应用 适合用于花坛及大面积色块种植，也可用作花境及庭院布置。

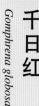

千日红

Gomphrena globosa

- 科属　苋科千日红属
- 花期　6 ～ 9 月
- 果期　6 ～ 9 月
- 高度　20 ～ 60 厘米

◉识别要点

　　全株有灰色长毛，茎直立，叶对生，长圆形，头状花序圆球形，基部有叶状苞片2片，花紫红色、淡紫色或白色，胞果近球形。

生态习性　喜光，耐旱，耐干热，自然分布强，对土壤要求不严。

自然分布　原产热带美洲，现在我国广泛栽培。

园林应用　适合用于花坛、花境、花展布置，也可大面积作为地被栽培。

335

夏堇

Torenia fournieri

- ● **科属** 玄参科蝴蝶草属
- ● **别名** 蓝猪耳
- ● **花期** 7～10月
- ● **果期** 7～10月
- ● **高度** 20～30厘米

识别要点

　　茎细呈四棱形，分枝多，叶对生，圆领或卵状心形，叶缘有锯齿，唇形花冠，花色丰富有紫青色、桃红色、深桃红色及等，喉部有黄色斑点，外形像猪耳朵。蒴果长椭圆形。

生态习性 喜光，耐高温，不耐寒，对土壤要求不严。

自然分布 原产越南，现在我国广泛栽培。

园林应用 应用广泛，适合用于夏季花坛、花境、盆栽种植。

花菱草

Eschscholtzia californica

● **科属** 罂粟科花菱草属

● **别名** 加州罂粟、金英
花、人参花

● **花期** 5～7月

● **果期** 7～9月

● **株高** 30～60厘米

👁 识别要点

　　茎叶灰绿色，具白粉，多分枝，或开展散生。叶基生，多回三出羽状细裂。花单生枝顶，有长梗，花色丰富，有金黄色、橙色、玫瑰红色、淡粉色、乳白色、猩红色、玫红色等，并有不同花色的复色品种。现在园艺品种丰富，还有半重瓣、重瓣品种。蒴果细长。

生态习性 喜阳光充足、冷凉干燥气候，花朵晴天开放，阴天及夜晚花朵不开放。不耐湿热，耐寒性强。

自然分布 原产美国加利福尼亚州，现在我国广泛栽培。

园林应用 优良的园林花卉及地被植物，宜作早春花带、花境和盆栽材料。

337

虞美人

Papaver rhoeas

- ● **科属** 罂粟科罂粟属
- ● **别名** 丽春花、赛牡丹
- ● **花期** 3 ～ 8 月
- ● **果期** 3 ～ 8 月
- ● **高度** 30 ～ 60 厘米

👁️ 识别要点

　　全株被刚毛，具乳汁。叶不规则羽状分裂。花单生，有长梗，未开放时下垂，花开后向上，花冠4瓣，薄如婵翼，有光泽，花色丰富。蒴果杯形，无毛，具不明显的肋。

生态习性 喜温暖、阳光充足的环境，耐寒，忌高温、高湿。

自然分布 原产欧洲，现在我国广泛栽培。

园林应用 可成片栽植做花海景观，也可布置花坛、花境。

PART

7

多年生草本

垂花蝎尾蕉

Heliconia rostrata

- 科属　芭蕉科蝎尾蕉属
- 别名　金嘴蝎尾蕉
- 花期　5 ～ 10 月
- 高度　150 ～ 250 厘米

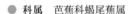

◉ 识别要点

　　地下具根茎，地上假茎细长，墨绿色，具紫褐色斑纹。叶互生，直立，狭披针形或带状阔披针形，革质，有光泽，深绿色，全缘。顶生穗状花序最具特色，下垂，花序长 40 ～ 70 厘米，有时可达 1 ～ 1.5 米，木质的苞片互生，呈二列互生排列成串，船形，基部深红色，近顶端 1/3 为金黄色，边缘有黄绿相间斑纹。舌状花两性，米黄色。

生态习性　喜高温、高湿和光照充足的环境，但耐半阴。喜富含有机质的中性至微酸性土壤，耐瘠薄，忌干旱，畏寒冷。

自然分布　原产美洲热带地区阿根廷至秘鲁一带，在我国多分布于华南地区。

园林应用　高级垂吊切花材料，地栽时适合布置于庭院、宾馆旁、池旁、墙脚等地。

大花萱草

Hemerocallis middendorffii

- 科属　百合科萱草属
- 花期　7～8月
- 果期　9～10月
- 高度　40～70厘米

◎识别要点

　　肉质根。叶基生，二列状，叶片条形。花茎高出叶片，花冠漏斗状或钟状；花大、具芳香。蒴果背裂。花有红色、黄色、橙色、紫色、绿色、粉色、白色等多种颜色，花色模式有单色、复色和混合色。

生态习性　耐寒性强，耐强光，又耐半阴，对土壤要求不严，以腐殖质含量高、排水良好的土壤为好。

自然分布　分布于黑龙江、吉林和辽宁。

园林应用　主要用来布置各式花坛、马路隔离带、疏林草地等。在花径和林缘也可进行应用，多采用丛植和片植的方式进行应用。

341

花叶玉簪

Hosta undulata

- 科属　百合科玉簪属
- 别名　波叶玉簪
- 花期　7 ~ 8月
- 高度　20 ~ 40厘米

👁️ 识别要点

顶生总状花序，花葶出叶，着花5 ~ 9朵，花冠6厘米，暗紫色。蒴果，未见。

生态习性 喜土层深厚和排水良好的肥沃壤土，以荫蔽处为好。忌阳光直射，光线过强或土壤过干会使叶色变黄甚至叶缘干枯。

自然分布 原产中国和日本，现在我国华北地区广泛栽培。

园林应用 林下可做观花地被，布置在建筑物北面和阳光不足的园林绿地中，开花时清香四溢，可盆栽点缀室内，叶和花是切花常用材料。

火炬花

Kniphofia hybrida

- 科属　百合科火把莲属
- 花期　6～7月
- 果期　9月
- 高度　80～120厘米

识别要点

　　茎直立。叶线形。总状花序着生在茎顶端，数十至数百朵筒状小花着生其上，呈火炬状，花冠橘红色。蒴果。

生态习性　喜温暖、湿润、阳光充足环境，也耐半阴，略耐寒。喜土层深厚、肥沃及排水良好的沙质土壤。

自然分布　原产非洲东部和南部，现在我国西北、华北和华中地区有栽培。

园林应用　可丛植于草坪边缘、疏林下或植于假山石旁，用作配景。也可布置于多年生混合花境和建筑物前，多采用丛植、列植和片植的方式进行应用。

343

吉祥草

Reineckia carnea

- 科属　百合科吉祥草属
- 花期　8～9月
- 果期　2～4月
- 高度　20～30厘米

　　常绿，丛生。叶草绿色，呈带状披针形，先端渐尖。地下根茎匍匐生长，节处遇土生根。花葶短，抽于叶丛，花紫红色，略有芳香。浆果直径6～10毫米，熟时鲜红色。

生态习性　喜温暖湿润气候，耐阴，略耐寒，对土壤的要求严。

自然分布　分布于我国江苏、浙江、安徽、江西、湖南、湖北、河南、陕西（秦岭以南）、四川、云南、贵州、广西和广东。

园林应用　应用在道路行道树旁、疏林地下等处，采用片植和块状种植的方式进行应用，也可在坡地和石块多的地块覆盖种植。

Liriope muscari 'Gold Banded'

金边阔叶山麦冬

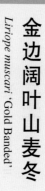

- 科属　百合科山麦冬属
- 花期　7 ～ 8 月
- 果期　9 ～ 10 月
- 高度　30 厘米

 **识别要点**

　　常绿。叶宽线形，革质，叶片长度约 30 厘米，基生密集成丛，叶片边缘为金黄色，边缘内侧为银白色与翠绿色相间的竖向条纹。花序高于叶丛，花红紫色。浆果，球形，熟时紫黑色。

生态习性　喜温暖湿润气候，不耐干旱，略耐阴，略耐寒。

自然分布　栽培品种，在我国各地均有栽培。

园林应用　在园林中主要作为地被植物来进行应用。主要用于公园、街头绿地、公路、居民小区等处，采用片植、丛植、图案、模纹等形式进行绿化应用。

金娃娃萱草

Hemerocallis fulva 'Golden Doll'

● **科属** 百合科萱草属

● **别名** 黄百合

● **花期** 5 ～ 11月

● **果期** 5 ～ 11月

● **高度** 30厘米

◉ 识别要点

叶片基生，条形，排成两列。花葶粗壮，聚伞花序，花 7 ～ 10 朵，花冠漏斗形，金黄色。蒴果钝三角形，熟时开裂。种子黑色，有光泽。

生态习性 喜光、湿润与半阴环境，耐干旱，耐寒，耐瘠薄，不择土壤。地下根茎能耐 － 20℃左右的低温。

自然分布 栽培品种，在我国各地均有栽培。

园林应用 主要作为地被植物来进行应用，适合在城市公园、绿地、街道、居民小区、广场等绿地丛植、片植栽培利用，亦可用于花径点缀。

铃兰

Convallaria majalis

● 科属　百合科铃兰属

● 别名　草玉玲、君影草

● 花期　5 ~ 6月

● 果期　7 ~ 9月

● 高度　18 ~ 30厘米

 识 别 要 点

　　常成片生长。叶椭圆形或卵状披针形，长7 ~ 20厘米，宽3 ~ 8.5厘米。花白色，花葶高15 ~ 30厘米，稍外弯；苞片披针形，短于花梗。浆果，径6 ~ 12毫米，熟后红色，稍下垂。变种有粉红铃兰。

生态习性 植株健壮，耐严寒、忌炎热，喜湿润、忌干燥，宜半阴、凉爽气候，喜肥沃、排水良好的壤土。忌连作。夏季休眠。

自然分布 主产我国东北、华北、西北、华东、华中地区。

园林应用 适用于花坛、花境、草坪、坡地、岩石园，宜于疏林下自然式布置，也可盆栽供室内观赏。

麦冬

Ophiopogon japonicus

- 科属　百合科沿阶草属
- 别名　白花麦冬、草麦冬
- 花期　6～8月
- 果期　8～10月
- 高度　10～40厘米

👁 识 别 要 点

　　常绿。禾叶状叶片基生成丛，先端渐尖，边缘有细锯齿。花葶较叶稍短或几等长。浆果状，球形或椭圆形，早期绿色，成熟后常呈暗蓝色。

生态习性 喜温暖湿润气候，略耐阴，不耐干旱，耐瘠薄、耐寒。

自然分布 分布于我国广东、广西、福建、台湾、浙江、江苏、江西、湖南、湖北、四川、云南、贵州、安徽、河南、陕西和河北。

园林应用 在园林中主要作为耐阴地被植物来进行应用。主要用于公园、街头绿地、公路、居民小区等处，采用片植、丛植、图案、模纹等形式进行绿化应用。

沿阶草

Ophiopogon bodinieri

- 科属　百合科沿阶草属
- 别名　绣墩草、书带草
- 花期　6～8月
- 果期　8～10月
- 高度　10～30厘米

👁 识别要点

常绿。禾叶状叶片基生成丛，先端渐尖，边缘有细锯齿。花葶较叶稍短或几等长。浆果状，球形或椭圆形，早期绿色，成熟后常呈暗蓝色。

生态习性 喜温暖湿润气候，略耐阴，不耐干旱，耐瘠薄、耐寒。

自然分布 分布于我国云南、贵州、四川、湖北、河南、陕西、甘肃、西藏和台湾。

园林应用 作为耐阴地被植物来进行应用。用于公园、街头绿地、公路、居民小区等处，采用片植、丛植、图案、模纹等形式进行绿化应用。

玉簪

Hosta plantaginea

- 科属　百合科玉簪属
- 别名　玉泡花、白鹤花
- 花期　8～10月
- 果期　8～10月
- 高度　50～70厘米

叶卵形或卵圆形。总状花序顶生，筒状漏斗形，有香气；花白色。蒴果圆柱状，有三棱，长约6厘米，径约1厘米。

生态习性　性强健，耐寒冷，喜阴湿环境，不耐强光，喜土层深厚、肥沃、排水良好的沙质土壤。

自然分布　分布于我国四川、湖北、湖南、江苏、安徽、浙江、福建和广东。

园林应用　主要应用于花境、花坛、林下、道路边缘、街头绿地、居民小区、林缘等处，可采用盆栽、丛植、列植和片植的方式进行应用。

玉竹

Polygonatum odoratum

- 科属　百合科黄精属
- 花期　5～6月
- 果期　7～9月
- 高度　40～65厘米

◎ 识别要点

　　根状茎圆柱形，直径5～14毫米。叶互生，椭圆形至卵状矩圆形，长5～12厘米，宽3～16厘米，先端尖，下面带灰白色，下面脉上平滑至呈乳头状粗糙。浆果蓝黑色，径7～10毫米，具7～9颗种子。

生态习性 耐寒、耐阴，忌强光直射与多风。野生玉竹生于凉爽、湿润、无积水的山野疏林或灌丛中。生长地土层深厚，富含沙质和腐殖质。

自然分布 分布于我国黑龙江、吉林、辽宁、河北、山西、内蒙古、甘肃、青海、山东、河南、湖北、湖南、安徽、江西、江苏、台湾。生林下或山野阴坡。

园林应用 非常优良的耐阴观赏地被，常种植林下。

351

郁金香

Tulipa gesneriana

- **科属** 百合科郁金香属
- **别名** 红蓝花、紫述香
- **花期** 4～5月
- **果期** 5～6月
- **高度** 20～40厘米

 识别要点

　　地下鳞茎扁圆锥形，外被淡黄色至棕褐色皮膜。茎叶光滑，被白粉。叶3～5枚，带状披针形至卵状披针形。花单生茎顶，花被片6枚，抱合成杯状、碗状、百合花状等，并有重瓣品种，花色有红、橙、黄、紫、黑、白或复色等。蒴果。

生态习性 喜光，也耐半阴。耐寒性强，喜富含腐殖质、排水良好的沙质壤土。

自然分布 原产地中海沿岸、土耳其和中国新疆地区，现我国广泛栽培。

园林应用 植株整齐，花期一致。常用于组成几何形图案的花坛，或成片栽植于草坪、林下、水边，形成整体色块景观。在岩石园和规则式花坛中极佳，作高雅切花和盆栽也表现优良。

紫萼

Hosta ventricosa

● 科属　百合科玉簪属

● 别名　紫玉簪

● 花期　6 ~ 7月

● 果期　8 ~ 9月

● 高度　30 ~ 40厘米

识别要点

叶片基生，卵形至卵圆形。花葶从叶丛中抽出，花序总状，花紫色或淡紫色。

生态习性　喜温暖湿润的气候，耐阴，耐寒，忌强烈日光照射。对土壤要求不严。

自然分布　分布于陕西，生于地埂湿处。

园林应用　常在林缘和疏林下作为林下地被植物进行应用。可采用丛植、块状种植和片植的方式加以应用。

金叶过路黄

Lysimachia nummularia 'Aurea'

 科属　报春花科珍珠菜属

花期　6～7月

高度　5厘米

 **识别要点**

常绿。枝条匍匐生长，可达50～60厘米。单叶对生，叶圆形，基部心形，金黄色，霜后略带暗红色。花单生，亮黄色，花径约2厘米，因花色与叶色相近，常不大受人注意。

生态习性　喜光，耐阴，耐干旱，耐水湿，耐寒性强，冬季在–10℃未见冻害。生长快，长势强，病虫害少。2月下旬开始发叶，3月叶片绿色转黄色，后渐转为金黄色，11月底停止生长，叶色由金黄色渐转淡黄、绿色，冬季霜后及气温–5℃时转暗红色。

自然分布　原产欧洲、美国东部等地，现在我国广泛栽培。

园林应用　优良的彩叶地被植物。可作为色块使用，也可作为花坛、林缘的镶边植物。

半枝莲

Scutellaria barbata

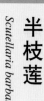

- **科属** 唇形科黄芩属
- **别名** 赶山鞭、牙刷草
- **花期** 4～7月
- **果期** 4～7月
- **高度** 12～35厘米

👁 识别要点

　　茎四棱形，上部直立，少有分枝。茎下部匍匐生根。叶对生，卵形或披针形，基部截形或心形，边缘疏锯齿。唇形花紫红色，2朵并生，集成顶生或腋生的偏向一侧的总状花序。小坚果褐色，扁球形，径约1毫米，具小疣状突起。

生态习性 喜温暖、湿润、半阴的环境。对土壤要求不严，土壤黏重和低洼易积水的地块不宜种。

自然分布 分布于我国华北、华中、华东及西南地区。

园林应用 装饰草地、坡地和路边的优良配花，也可在花坛边缘和花境栽植；盆栽小巧玲珑，可陈列在阳台、窗台、走廊、门前、池边和庭院等多种场所观赏。

薄荷

Mentha canadensis

- 科属　唇形科薄荷属
- 花期　7～9月
- 果期　10月
- 高度　30～60厘米

◉识别要点

茎直立，锐四棱形。叶对生，轮伞花序腋生，轮廓球形。花淡紫色。

生态习性　喜光，喜湿，耐寒，对土壤的要求不严格。

自然分布　分布于我国南北各地，生于水旁潮湿地，海拔可高达3 500米。

园林应用　花境、花坛的优良绿化材料，也可于水边、低洼地进行片植。

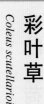

Coleus scutellarioides

彩叶草

- 科属　唇形科鞘蕊花属
- 花期　7 ~ 9月
- 果期　8 ~ 10月
- 观叶期　3 ~ 10月
- 高度　50 ~ 80厘米

识别要点

　　茎直立，通常为紫色，四棱形。叶膜质，其大小、形状及色泽变异很大，通常卵圆形。伞状花序多花，多数密集排列成长5 ~ 10厘米、宽3 ~ 5厘米的简单或分枝的圆锥花序，花冠浅紫至紫或蓝色。小坚果球形或少数卵圆形，棕色或深棕色。

生态习性　喜温性植物，自然分布强，冬季温度不低于10℃，夏季高温时稍加遮阴，喜充足阳光，光线充足能使叶色鲜艳。

自然分布　在我国广泛栽培。

园林应用　可作小型观叶花卉陈设外，还可配置图案花坛，也可作为花篮、花束的配叶使用。

花叶薄荷

Mentha × gracilis 'Variegata'

- 科属　唇形科薄荷属
- 花期　7～9月
- 果期　10月
- 高度　20～30厘米

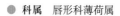 识别要点

常绿。下部茎匍匐。叶对生，椭圆形至圆形，叶色深绿，叶缘有较宽的乳白色或乳黄色斑。花粉红色。

生态习性 喜光，喜湿润，耐寒，中性土壤即可。

自然分布 栽培品种，在我国广泛栽培。

园林应用 作花境材料或盆栽观赏，也可用于居住小区、街头绿地等处作为观叶地被植物来进行使用。

358

假龙头花

Physostegia virginiana

- **科属** 唇形科假龙头
- **别名** 随意草、芝麻花
- **花期** 7～10月
- **果期** 7～10月
- **高度** 60～120厘米

👁 识别要点

具匍匐茎。茎四方形。叶对生，披针形，叶缘有细锯齿；穗状花序顶生，花色有白、深桃红、玫红、雪青、淡红、紫红或斑叶变种。

生态习性 喜光，耐寒，耐热，耐半阴，喜疏松、肥沃、排水良好的沙质壤土，怕旱。

自然分布 产北美地区，现在我国广泛栽培。

园林应用 适合布置花境、花坛，在街头绿地和小游园等处采用丛植和片植的方式进行布置。

359

蓝花鼠尾草

Salvia farinacea

- **科属** 唇形科鼠尾草属
- **别名** 兰花鼠尾草、一串兰
- **花期** 5～9月
- **高度** 50～70厘米

◉ 识别要点

植株呈丛生状，茎近方形。叶卵形，边缘有粗锯齿。轮伞花序，花顶生，花色有粉蓝或粉紫。

生态习性 耐寒，喜阳，耐高温、高湿，不耐旱，不耐阴。

自然分布 原产美国得克萨斯州、墨西哥和欧洲南部，从西班牙到地中海北岸一带。在我国河北地区生长势强，表现中等。也可作一年生花卉栽培。

园林应用 在园林中主要用于花境，以丛植为佳；也可用于草坪边缘和林缘，以片植为主。

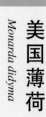

Monarda didyma

美国薄荷

● **科属** 唇形科美国薄荷属

● **花期** 6~7月

● **高度** 100厘米

◉识别要点

　　茎四棱形。叶对生，卵形或卵状披针形。花朵密集于茎顶，花冠长5厘米，花簇生于茎顶，花冠管状，淡紫红色。

生态习性 喜凉爽、湿润、向阳的环境，也耐半阴。自然分布强，不择土壤。耐寒、耐旱，忌过于干燥。在排水良好的肥沃土壤中生长良好。

自然分布 原产美国，现在我国广泛栽培。

园林应用 适合栽植在自然花园中或栽种于林下、水边，也可以丛植或行植在水池、溪旁作背景材料，或片植于林缘做地被植物。也可以布置花境、花坛，可盆栽观赏和用于鲜切花，美化、装饰环境。

361

绵毛水苏

Stachys byzantina

- **科属** 唇形科水苏属
- **花期** 6～7月
- **高度** 30～50厘米

 识别要点

> 全株被白色长绵毛，有匍匐茎，近地表处生根。叶片大，基生，长椭圆形，银白色，柔软富有质感。轮伞花序，花小，紫红色。

生态习性 喜高温和阳光充足的环境，耐旱、耐热、较耐寒、稍耐阴，不耐湿。喜排水良好的土壤。

自然分布 原产巴尔干半岛、黑海沿岸至西亚，在我国南方可露地栽培。

园林应用 布置花境、花坛、岩石园或草坪中片植作色块，也可种植于林下作地被植物及庭院栽培观赏。

Salvia leucantha

墨西哥鼠尾草

- 🔵 **科属**　唇形科鼠尾草属
- 🔵 **别名**　白鼠尾草
- 🔵 **花期**　7～9月
- 🔵 **高度**　40～70厘米

👁 识 别 要 点

　　茎直立多分枝。叶片狭披针形，对生。轮伞花序顶生，花紫堇色，具茸毛。

生态习性　喜温暖湿润气候，喜光，喜深厚、肥沃土壤。

自然分布　原产中美洲，在我国华北地区生长势较好，表现良好，作一年生栽培。

园林应用　主要应用在花境处，采用块状种植和丛植为主，也可用于公园、庭院路边、花坛栽培观赏等。

Ajuga multiflora

匍匐筋骨草

- 🔵 **科属** 唇形科筋骨草属
- 🔵 **花期** 4～5月
- 🔵 **果期** 5～6月
- 🔵 **高度** 6～20厘米

👁 **识别要点**

常绿。茎直立，密被灰白色绵毛状长柔毛。基生叶具柄。轮伞花序自茎中部向上渐靠近，至顶端呈密集的穗状聚伞花序；花色蓝紫色或紫堇色。

 喜干燥凉爽气候。喜深厚、肥沃土壤。

 原产美国，在华北地区偶见。

园林应用 用于花坛、花境，也可成片栽于林下、阴湿地块。

深蓝鼠尾草

Salvia guaranitica

- 科属　唇形科鼠尾草属
- 别名　瓜拉尼鼠尾草
- 花期　7～9月
- 高度　80～100厘米

👁 识 别 要 点

植株高大。叶对生，卵圆形，全缘或具钝锯齿。花序顶生，蓝紫色至粉紫色花，有香味。

生态习性　喜温暖、阳光充足的环境，耐寒，不择土壤，不耐涝。

自然分布　原产北美南部，现我国各地均有栽培。

园林应用　本种适合做花境背景材料。也可栽培于绿地、疏林下和草坪边缘等处，采用片植的方式进行应用。

Salvia uliginosa

天蓝鼠尾草

- 科属　唇形科鼠尾草属
- 花期　5 ~ 8 月
- 高度　30 ~ 90 厘米

识别要点

　　地上部分丛生。叶对生，椭圆形有锯齿。花 6 ~ 10 朵成串轮生于茎顶花序上，花蓝色。

生态习性　喜温暖气候，喜光，耐寒，耐旱，忌涝。

自然分布　在河北地区生长势强，表现优良。

园林应用　主要应用在地被、花坛和花境等处，也可用于林缘和疏林下，以片植为主。

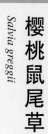

Salvia greggii

樱桃鼠尾草

© Robert Perry

- 科属　唇形科鼠尾草属
- 花期　5 ~ 7月
- 高度　50 ~ 100厘米

识别要点

　　华北地区做一年生栽培。单叶对生，椭圆形或卵形。总状花序，花萼合生，钟状，二唇形，宿存，花冠唇形，有桃红、粉红、白等色，上唇直立、斜上或镰刀形，雄蕊4枚，后方2枚雄蕊退化，小坚果，4枚。

生态习性　喜温暖湿润气候，喜光，喜肥沃土壤。

自然分布　原产美国德州至墨西哥，各地有栽培。

园林应用　多应用于花境、花坛，也可在路边成带状种植，在石头边丛植。

关节酢浆草

Oxalis articulata

- **科属** 酢浆草科酢浆草属
- **花期** 5 ~ 10月
- **果期** 5 ~ 10月
- **高度** 10 ~ 35厘米

 识别要点

特征同红花酢浆草相近，花瓣基部颜色呈深红色。

生态习性 喜光，耐旱，喜湿，耐贫瘠，略耐寒。观叶、观花。

自然分布 原产热带美洲，在我国华北南部以南地区可露地栽培。

园林应用 常用于布置花坛、花境等，也可在道路两侧、公园等处采用块状种植和片植的方式进行应用。

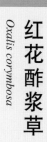

Oxalis corymbosa

红花酢浆草

● 科属　酢浆草科酢浆草属

● 花期　4 ～ 11月

● 高度　15 ～ 25厘米

具块状纺锤形根茎，稍高出叶面。叶基生，具长柄，3枚小叶掌状着生，呈倒心形。花深玫瑰色带纵条。

生态习性　耐寒性不强，但耐热、耐阴，喜温暖、湿润气候。

自然分布　原产热带美洲，现我国广泛栽培。

园林应用　常用于布置花坛、花境等，也可在道路两侧、公园等处采用块状种植和片植的方式进行应用。

紫叶酢浆草

Oxalis triangularis

● 科属　酢浆草科酢浆草属

● 花期　3 ～ 8 月

● 果期　3 ～ 8 月

● 高度　15 ～ 20 厘米

👁 识别要点

叶片倒三角形，叶紫红色。花白色。

生态习性　略耐寒，喜温暖湿润气候，不择土壤。

自然分布　原产热带美洲，现我国广泛栽培。

园林应用　主要作花境材料，也可布置成花坛。也可在草坪边缘、疏林边或者公园内各种地块种植，采用丛植和片植的形式，形成一片紫色的花海。

乳浆大戟

Euphorbia esula

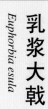

● **科属** 大戟科大戟属

● **花期** 4 ~ 10 月

● **果期** 4 ~ 10 月

● **高度** 30 ~ 60 厘米

◉ 识别要点

根圆柱状,长20厘米以上。茎单生或丛生。总苞叶3 ~ 5枚,与茎生叶同形;伞幅3 ~ 5,长2 ~ 4(5)厘米;苞叶2枚,常为肾形。花序单生于二歧分枝的顶端;腺体4,新月形。

生态习性 耐寒,耐旱,喜光,耐半阴。

自然分布 分布于全国(除海南、贵州、云南和西藏外)。生于路旁、杂草丛、山坡、林下、河沟边、荒山、沙丘及草地。

园林应用 花形奇特,苞片金黄,可用于岩石园,各类园林小品旁、疏林下等处。以丛植和片植为主。

灯心草

Juncus effusus

- **科属**　灯心草科灯心草属
- **别名**　碧玉草、穿阳剑
- **花期**　4 ~ 7月
- **果期**　6 ~ 9月
- **高度**　30 ~ 90厘米

👁 识 别 要 点

　　茎丛生，直立，圆柱形。叶全部为低出叶，呈鞘状或鳞片状；叶片退化为刺芒状。聚伞花序假侧生。

生态习性　耐寒，喜湿，忌干旱。

自然分布　产黑龙江、吉林、陕西、甘肃、山东、江苏、安徽、浙江、福建、台湾、湖北、湖南、广东、广西、四川、贵州、西藏等地。

园林应用　应用于园林水景边缘，湿地边缘，也可盆栽水培观赏。

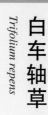

白车轴草

Trifolium repens

● **科属**　豆科车轴草属

● **别名**　白三叶

● **花期**　5 ~ 10月

● **果期**　5 ~ 10月

● **高度**　10 ~ 30厘米

👁 识别要点

　　主根短，侧根和须根发达，茎匍匐蔓生，上部稍上升，节上生根，全株无毛。掌状三出复叶，托叶卵状披针形，膜质，基部抱茎成鞘状，离生部分锐尖。花序呈头状，含花40 ~ 100朵，花冠蝶形，白色。

生态习性　喜温暖湿润气候，不耐干旱和长期积水，耐瘠薄土壤。

自然分布　原产欧洲和北非，现在我国广泛栽培。

园林应用　园林、公园、高尔夫球场等绿化草坪的建植，也是堤岸防护草种。

羽扇豆

Lupinus albus

- 科属　豆科羽扇豆属
- 别名　多叶羽扇豆、鲁
　　　　冰花
- 花期　3～5月
- 果期　4～7月
- 高度　1～1.5米

识别要点

　　多基生叶，掌状复叶具长柄，小叶9～16枚，披针形或倒披针形。总状花序顶生，长可达60厘米，小花蝶形。花色丰富，有紫红、粉红、橙、蓝、白等。荚果长圆状线形。

生态习性　喜光，耐半阴，喜冷爽气候，忌炎热，要求酸性土壤，是酸性土的指示植物，直根性，难移植。

自然分布　原产南欧，在我国广泛栽培。

园林应用　丛植、片植于花境及林缘河边，还可用于布置花坛、盆栽或切花。

紫花苜蓿

Medicago sativa

- **科属**　豆科苜蓿属
- **别名**　紫苜蓿、路苏
- **花期**　4～7月
- **果期**　6～8月
- **高度**　1～1.5米

 识别要点

　　根系发达。根颈密生茎芽，颈蘖枝条多。茎秆斜上或直立，光滑，略呈方形，分枝多。羽状三出复叶互生，小叶长圆形或卵圆形，先端有锯齿，顶生小叶略大。总状花序簇生。荚果螺旋形。

生态习性　抗旱，抗寒，抗盐碱，适应性强，可改良土壤。

自然分布　分布于中国东北、华北等地。

园林应用　可成片栽植于草坪、路边、林下、道路护坡等地，或作为花境的镶边植物，带状栽植于花境的边缘。

矮蒲苇

Cortaderia selloana 'Pumila'

● **科属**　禾本科蒲苇属

● **花期**　8～10月

● **果期**　8～10月

● **高度**　120厘米

👁 识 别 要 点

叶聚生于基部，长而狭，花序大，羽毛状，银白色。

生态习性　喜光，耐寒，喜湿润气候，要求土壤排水良好。

自然分布　栽培品种，广泛分布于温带和亚热带地区。

园林应用　多应用于溪流、湖泊、岸边，也可在公园、街头绿地等处与其他植物搭配使用；多采用丛植和片植的应用方式。

斑叶芒

Miscanthus sinensis 'Zebrinus'

- **科属** 禾本科芒属
- **花期** 9 ~ 11 月
- **果期** 9 ~ 11 月
- **高度** 1.5 米

 **识别要点**

丛生状，具黄白色环状斑。秋季形成白色大型花序。

生态习性 喜光，耐半阴，耐水湿，耐寒。

自然分布 栽培品种，应用广泛。

园林应用 多用于路边拐角转弯处、街头路口绿地、岩石园、禾草园等处，多采用丛植的方式进行应用。

草地早熟禾

Poa pratensis

- 科属　禾本科早熟禾属
- 别名　六月禾
- 花期　5～6月
- 果期　7～9月
- 高度　50～80厘米

 识别要点

　　根状茎细而匍匐。茎秆光滑直立，丛生。叶条形，宽2～4毫米，细长而柔软，密生于基部，幼叶对折，叶尖船形。圆锥花序开展，叶舌膜质。颖果。

　　生态习性　喜光，耐阴，喜温暖湿润气候，耐寒，抗旱性差，夏季炎热时生长停滞。喜排水良好、肥沃的微酸性土壤。较耐践踏，绿期长。

　　自然分布　原产北半球温带，现在我国广泛分布。

　　园林应用　可用于绿地、公园、高尔夫球道和发球台、运动场等。常与黑麦草、高羊茅等混播建植运动场草坪，也可在进行乔木、灌木、草本植物立体配植时，可用作园林底色。

高羊茅

Festuca arundinacea

- **科属**　禾本科羊茅属
- **别名**　苇状羊茅
- **花期**　4 ~ 8月
- **果期**　4 ~ 8月
- **高度**　50 ~ 100厘米

　　疏丛型。茎秆扁平、坚硬。叶较宽，长10 ~ 30厘米，宽5 ~ 10毫米，背面光滑，表面及边缘粗糙，无主脉。圆锥花序疏松开展，长20 ~ 28厘米。颖果长约4毫米，顶端有毛茸。

生态习性　耐高温，耐寒，耐贫瘠土壤。根系发达，耐粗放养护管理，耐践踏。

自然分布　分布于广西、四川、贵州等地，在长江流域可以保持四季常绿。

园林应用　由于其建坪快，根系深，常用于斜坡防固。常与草地早熟禾混播。在温暖、潮湿地带，常与狗牙根混播用作一般的绿地草坪，或与巴哈雀稗混播用作运动场草坪。可用于居住区、路边、公园绿地和运动场地绿化，也常用于机场质量要求较低的草坪。

黑麦草

Lolium perenne

- **科属** 禾本科黑麦草属
- **别名** 宿根黑麦草
- **花期** 5～7月
- **果期** 5～7月
- **高度** 50～100厘米

👁 识 别 要 点

> 疏丛型。根茎短，茎直立，丛生。叶窄长，叶尖先端开裂，边缘粗糙，深绿色，具光泽表面，叶脉明显，背面光滑发亮。穗状花序扁平，小穗无芒，有小花3～10。颖果。

生态习性 喜光，耐阴性差，不耐干旱，不耐瘠薄。喜温暖、湿润且夏季凉爽的环境。喜肥沃、排水良好的微酸性及中性土壤。

自然分布 各地普遍引种栽培的优良牧草。生于草甸草场，路旁湿地常见。

园林应用 属于疏丛型，损伤后恢复能力较差，很少作单一草坪。此外，黑麦草的种子大，发芽快，常用作"先锋草种"或"保护草种"；常与其他草种混播用作足球场草坪；在南方，也常用作暖季型草坪的交播。

花叶芒

Miscanthus sinensis 'Variegatus'

- 科属　禾本科芒属
- 花期　9～10月
- 高度　1.5～1.8米

👁️ 识别要点

　　丛生。叶片呈拱形向地面弯曲。叶片浅绿色，有奶白色条纹。圆锥花序深粉色，高于植株。

生态习性　喜光，耐半阴，耐寒，耐旱，耐涝，不择土壤。

自然分布　栽培品种，适宜在我国华北以南地区栽培。

园林应用　用于街头、路口、道路拐角、街头绿地等处，也可做岩石园、湖岸的点缀材料，可单株种植，片植。也可与其他花卉组合搭配种植，景观效果更佳。

381

花叶燕麦草

Arrhenatherum elatius var. bulbosum 'Variegatum'

- 科属　禾本科燕麦草属
- 花期　6～7月
- 高度　30～40厘米

👁 识别要点

须根发达，茎簇生。叶线形，叶片中肋绿色，两侧呈乳黄色，夏季两侧由乳黄色转为黄色，不结实。

生态习性　喜光，也耐阴，喜凉爽湿润气候，耐干旱，耐水湿，耐寒。

自然分布　栽培品种，应用广泛。

园林应用　株丛整齐一致，叶片秀丽，黄绿相间，雅致清秀。多应用在花境、花坛等处，采用片植的方式进行应用。

蓝羊茅

Festuca glauca

● **科属** 禾本科羊茅属

● **花期** 5月

● **高度** 40厘米

👁 识别要点

常绿，冷季型，丛生。直立平滑，叶片强内卷几成针状或毛发状，蓝绿色，具银白霜。春、秋季为蓝色。圆锥花序淡绿色，结实时转为淡紫色。

生长习性 喜光，耐寒，耐旱，耐贫瘠。中性或弱酸性疏松土壤长势最好，稍耐盐碱。全日照或部分荫蔽均长势良好，忌低洼积水。耐寒至-35℃，在持续干旱时应适当浇水。

自然分布 原产北美，华北可应用。

园林应用 适合作花坛、花境镶边用，其突出的颜色可以和花坛、花境形成鲜明的对比。还可用作道路两边的镶边使用。盆栽、成片种植时镶边效果非常突出。

383

细茎针茅

Stipa tenuissima

- 科属　禾本科针茅属
- 花期　6～9月
- 高度　50～70厘米

识别要点

植株密集丛生。叶片细长如丝状。花序银白色，柔软下垂。

生态习性 喜光、耐旱，也耐半阴。喜冷凉气候，夏季高温时易休眠。

自然分布 原产美洲，现在我国广泛栽培。

园林应用 绿化中多与岩石进行配置，也可种于路旁、小径等处。多采用丛植的方式进行应用。也可用作花坛、花境镶边材料。

细叶芒

Miscanthus sinensis 'Gracillimus'

- **科属** 禾本科芒属
- **花期** 6~9月
- **高度** 1~2米

👁 识别要点

常绿。植株密集丛生。叶片细长如丝状。花序银白色，柔软下垂。

生态习性 喜光，耐旱，耐半阴。喜冷凉气候，夏季高温时易休眠。

自然分布 栽培品种，在我国华北地区应用广泛。

园林应用 绿化中多与岩石进行配置，也可种于路旁、小径等处。多采用丛植的方式进行应用。也可用作花坛、花境镶边材料。

小盼草

Chasmanthium latifolium

- 科属　禾本科林燕麦属
- 别名　宽叶林燕麦
- 花期　6～8月
- 果期　8～10月
- 高度　30～50厘米

👁 识 别 要 点

半常绿。叶绿色，直立，丛生。花穗风铃状，柔软下垂。

生态习性 喜光、耐半阴，喜温暖湿润气候，耐水湿，略耐寒。观叶、观果。

自然分布 原产美国中部和东部，我国大部分城市园林均可栽培。

园林应用 应用于溪流两岸、草坪边缘、路边、墙壁边缘等处，也可应用于花境。以丛植为主，条植宜佳。

PART7　多年生草本

小兔子狼尾草

Pennisetum alopecuroides 'Little Bunny'

● **科属**　禾本科狼尾草属

● **花期**　6～9月

● **高度**　20～30厘米

👁 识 别 要 点

　　最低矮的观赏狼尾草。叶片在初秋具黄褐色条斑纹，晚秋转变为红褐色。花黄色。

　生态习性　耐旱，耐湿，喜光，不择土壤。

　自然分布　栽培品种，在我国华北地区可栽培。

　园林应用　常应用于花境，可栽植于岩石园、溪流湖岸，也可植于花园、草地、林缘等地，丛植与片植俱佳。

血草

Imperata cylindrica 'Rubra'

- 科属　禾本科白茅属
- 花期　7～8月
- 高度　50厘米

◉识别要点

　　叶片丛生，剑形，春季叶色深血红色，新发嫩叶鲜红色。圆锥花序，小穗银白色。

生态习性　喜光、耐半阴、耐热，喜湿润肥沃土壤。

自然分布　栽培品种，在我国广泛栽培。

园林应用　叶片色泽艳丽，可应用于花境、路边片植、岩石园和林缘美化。片植为主。

388

矾根

Heuchera micrantha

- 科属　虎耳草科矾根属
- 花期　5 ～ 6月
- 高度　20 ～ 25厘米

识别要点

常绿。全株密生细毛。叶片圆弧形，暗紫红色，伴有各色花纹。穗状花序，花梗细长、暗紫色，花白色、较小、铃形。

生态习性 喜中性偏酸、疏松、肥沃的壤土，适合生长在湿润、排水良好、半遮阴的土壤中，忌强光直射。

自然分布 原产美国，在我国华北地区作一年生栽培。

园林应用 适合疏林下大片种植，也适合点缀于不同主题的花境中，增强色彩的丰富度。也经常用于花境和花坛，也可盆栽观赏。

虎耳草

Saxifraga stolonifera

- 🌑 **科属** 虎耳草科虎耳草属
- 🌑 **花期** 4～11月
- 🌑 **果期** 4～11月
- 🌑 **高度** 5～10厘米

👁 识 别 要 点

　　匍匐生长。基生叶具长柄，叶片近心形、深绿、有斑纹或偏红色，肾形至扁圆形，具鳞片状叶，聚伞花序圆锥状，花白色，小型。

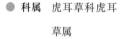 **生态习性** 喜阴凉潮湿气候，略耐寒，要求土壤肥沃、湿润。

自然分布 产河北、陕西、甘肃、江苏、安徽、浙江、江西、福建、台湾、湖北、湖南、广东、广西、四川、贵州等地。

园林应用 布置岩石园、石景等，以丛植为主；也可用于花境边缘，作为镶边材料进行利用。

宿根福禄考

Phlox paniculata

- 科属　花葱科天蓝绣球属
- 花期　5～10月
- 果期　8～9月
- 高度　15～30厘米

👁 识别要点

多年生宿根植物。株高15～30厘米，下部叶对生，上部叶互生，宽卵形、长圆形和披针形，伞房状圆锥花序，淡红、红、白、紫等色。

生态习性 喜温暖，稍耐寒，忌酷暑，宜排水良好、疏松的壤土，不耐旱，忌涝。

自然分布 原产北美洲东部，现在我国北方地区栽培广泛。

园林应用 可用于花坛、花境及岩石园进行景观布置，也可栽培于各类绿地园路两侧或水边、林缘等处。在开阔场地片植最佳。

391

针叶天蓝绣球

Phlox subulata

- **科属** 花葱科天蓝绣球属
- **别名** 丛生福禄考
- **花期** 4～5月
- **高度** 8～10厘米

👁 识别要点

　　常绿。老茎半木质化，枝叶密集，匍地生长。叶针状，簇生，花有紫红色、白色、粉红色等。

生态习性 耐寒，耐旱，耐贫瘠，耐高温。

自然分布 原产北美东部，现在我国广泛栽培。

园林应用 适合庭院配植花坛或在岩石园中栽植，群体观赏效果极佳，可作为观赏草坪来进行应用；也可应用于缀花草坪和种植在园路两侧，观赏效果佳。

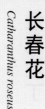

长春花

Catharanthus roseus

- 科属　夹竹桃科长春花属
- 花期　全年
- 高度　30 ~ 60厘米

👁 识别要点

　　常绿，有分枝。叶片倒卵形，有光泽。伞花序腋生或顶生，花色玫红、白或紫红等色。

生态习性　喜高温高湿气候，喜光，耐半阴，不耐严寒，忌湿怕涝。以排水良好、通风透气的沙质或富含腐殖质的土壤栽培为好。

自然分布　原产非洲东部，现在我国广泛栽培。

园林应用　主要作为花坛、花径和镶边材料。多条块状种植和片植为佳。

393

紫花地丁

Viola philippica

- 科属　堇菜科堇菜属
- 花期　4月中下旬
- 果期　4月中下旬
- 高度　7～15厘米

识别要点

　　无地上茎。叶片呈三角状卵形或狭卵形。花中等大，紫堇色或淡紫色，稀呈白色。

生态习性　喜光，喜湿润的环境，耐阴也耐寒，不择土壤，自然分布极强。

自然分布　产黑龙江、吉林、辽宁、内蒙古、河北、山西、陕西、甘肃、山东、江苏、安徽、浙江、江西、福建、台湾、河南、湖北、湖南、广西、四川、贵州、云南。

园林应用　适合作为花境或与其他早春花卉构成花丛。也常作盆栽放置于窗台、书桌、台架等室内布置，也可制作成盆景。

394

大花秋葵

Hibiscus moscheutos

- 科属　锦葵科木槿属
- 花期　6～9月
- 果期　6～9月
- 高度　1～2米

👁 识别要点

　　茎亚冠木状，粗壮，丛生，斜出，光滑被白粉。单叶互生，叶长8～22厘米，叶背及柄生灰色星状毛，叶形多变。基部圆形，缘具梳齿。花大，直径28厘米，单生茎上或叶腋，花色玫瑰红或白色，花萼宿存。

生态习性　喜温耐湿，耐热，抗寒，北京地区可露地越冬。喜光照充足。在排水良好土壤中生长最佳。

自然分布　原产于北美，现在我国广泛栽培。

园林应用　可用大型容器组合栽植，或地栽布置花坛、花境，也可绿地中丛植、群植。

395

蜀葵

Alcea rosea

- 科属　锦葵科蜀葵属
- 花期　6 ~ 8月
- 高度　2米

👁 识别要点

叶近圆心形，直径6 ~ 16厘米，掌状5 ~ 7浅裂或波状棱角。花腋生，单生或近簇生，排列成总状花序，花单瓣或重瓣，有紫、粉、红、白等色。

生态习性 喜阳光充足，耐半阴，但忌涝。耐盐碱。耐寒。在疏松、肥沃、排水良好、富含有机质的沙质土壤中生长良好。

自然分布 原产我国西南地区，现在我国广泛栽培。

园林应用 宜布置在院落、路侧、建筑物旁、假山旁或点缀花坛、草坪等用。

八宝

Hylotelephium erythrostictum

● **科属** 景天科八宝属

● **别名** 八宝景天

● **花期** 8 ~ 10月

● **果期** 9 ~ 10月

● **高度** 30 ~ 70厘米

👁 识别要点

　　茎直立。叶对生。伞房状花序顶生；花密生，直径约1厘米，花瓣5，白色或粉红色。

生态习性 喜强光，耐干旱，喜通风良好的环境，能耐－20℃的低温；忌雨涝。

自然分布 产云南、贵州、四川、湖北、安徽、浙江、江苏、陕西、河南、山东、山西、河北、辽宁、吉林、黑龙江。生于海拔450 ~ 1 800米的山坡草地或沟边。

园林应用 布置花坛、花境或成片栽植做护坡地被植物；可作为模纹花坛材料进行应用。可以用作地被植物，是点缀草坪、岩石园的极佳园林观赏材料。

397

费菜

Phedimus aizoon

- 科属　景天科景天属
- 花期　6～7月
- 果期　8～9月
- 高度　20～50厘米

识别要点

　　茎直立。叶互生，狭披针形、椭圆状披针形至卵状倒披针形，近革质。聚伞花序有多花，花瓣5，黄色。

生态习性　喜光也耐阴，喜温暖湿润气候，耐旱，耐寒，不耐水涝。

自然分布　产四川、湖北、江西、安徽、浙江、江苏、青海、宁夏、甘肃、内蒙古、宁夏、河南、山西、陕西、河北、山东、辽宁、吉林、黑龙江。

园林应用　主要作为地被植物应用；岩石园中多采用其他作为镶边植物，也可盆栽或吊栽，点缀平台、庭院等。

金叶佛甲草

Sedum mexicanum 'Gold Mound'

- 科属　景天科景天属
- 别名　金丘松叶佛甲草
- 花期　4～5月
- 高度　10～20厘米

识别要点

多年生肉质草本。叶条形，4（5）叶轮生，宽而扁，宽至3毫米，叶色金黄色。花色黄。

生态习性　耐旱性极强，喜强光，不耐阴，覆盖地面能力强，速度快。

自然分布　栽培品种，华北地区需保护越冬。

园林应用　用于屋顶绿化，或布置草坪、路旁、场区、小区、广场、街心花园等，可作为花境、花坛布景的优良植物。

雏菊

Bellis perennis

- 科属　菊科雏菊属
- 花期　4～6月
- 高度　10～20厘米

识别要点

株丛矮小，叶基生，长匙形或倒长卵形。头状花序单生于花茎顶端，花较小，舌状花多轮紧密排列于花序盘周围，有白、粉、紫等各种颜色，花序盘中央为黄色管状花。

生态习性　喜光，喜冷凉气候，忌炎热，对土壤要求不严。

自然分布　原产欧洲，现在我国广泛栽培。

园林应用　适合于花坛及早春花境布置，也常用作地被花卉，或盆栽观赏。

串叶松香草

Silphium perfoliatum

● 科属　菊科松香草属

● 花期　6～8月

● 高度　2～3米

识别要点

　　根茎肥大，粗壮。茎直立。叶长椭圆形。头状花序，花盘直径2～2.5厘米，花黄色。

生态习性　喜温暖湿润气候，耐寒，耐瘠薄。

自然分布　原产北美洲，现在我国广泛栽培。

园林应用　植于疏林边缘、墙边等处，也可做花境背景材料。

401

大花金鸡菊

Coreopsis lanceolata

- **科属** 菊科金鸡菊属
- **别名** 大金鸡菊、剑
  叶波斯菊
- **花期** 5 ~ 9月
- **果期** 7 ~ 10月
- **高度** 30 ~ 70厘米

◉ 识 别 要 点

　　茎直立。叶片匙形或线状倒披针形。头状花序在茎端单生，径4 ~ 5厘米，舌状花黄色。

生态习性 耐旱，耐涝，耐寒，耐热，耐瘠薄，适合性极强。

自然分布 原产美洲，栽培广泛。

园林应用 常用于花境、庭院、街心花园的绿化，还可用于高速公路绿化，有固土护坡作用。但须谨防向野外扩散。

Dahlia pinnata

大丽花

- 🌸 **科属** 菊科大丽花属
- 🌸 **别名** 大丽菊、地瓜花
- 🌸 **花期** 6 ~ 12 月
- 🌸 **果期** 9 ~ 10 月
- 🌸 **高度** 1.5 ~ 2 米

👁 识别要点

有巨大棒状块根。茎直立，多分枝，粗壮。花白色，红色或紫色等。

生态习性 喜半阴，喜温暖湿润气候。

自然分布 原产墨西哥，在河北地区生长势强，表现较好。

园林应用 适合花坛、花径或庭前丛植，也可在园路两侧或者道路拐弯处丛植。矮生品种可盆栽观赏。

403

荷兰菊

Aster novi-belgii

- ● **科属**　菊科紫菀属
- ● **别名**　纽约紫菀、紫
　　　　菀、柳叶菊
- ● **花期**　8 ～ 10 月
- ● **高度**　60 ～ 100 厘米

◉ 识 别 要 点

　　多年生宿根花卉。**茎丛生**，高 60 ～ 100 厘米。叶互生，呈线状披针形。头状花序，枝顶形成伞房状，花色丰富，有粉色、蓝紫色、白色等。

生态习性　喜阳光充足和通风的环境，喜湿耐旱，耐寒，耐瘠薄。

自然分布　原产北美，现在我国广泛栽培，华北地区可作一年生花卉栽培利用。

园林应用　可以用于布置花坛、花境等。也可配合其他植物进行园林布置。在家庭中可作花篮、插花的配花。也可盆栽观赏。

黄金艾蒿

Artemisia vulgaris 'Variegate'

- 科属　菊科蒿属
- 花期　8 ~ 9月
- 果期　10 ~ 11月
- 高度　1米以上

👁 识别要点

　　叶片羽状深裂，叶色黄绿相间，在阳光下十分醒目。

生态习性　自然分布较强，耐干旱贫瘠。

自然分布　栽培品种，现在我国广泛栽培。

园林应用　多用于花境、花坛、岩石园等。

405

黄金菊

Euryops pectinatus

- 🔘 **科属** 菊科黄蓉菊属
- 🔘 **别名** 罗马春黄菊
- 🔘 **花期** 8 ~ 11月
- 🔘 **高度** 50 ~ 150厘米

 👁 **识别要点**

全株有毛。叶片长椭圆披针形，头状花序单生，花黄色，直径6厘米。

生态习性 喜光，喜排水良好的沙质壤土，喜温暖湿润气候，略耐寒。

自然分布 栽培品种，在我国广泛栽培。

园林应用 用于花坛、花境和疏林草坪边缘。主要采用丛植和片植的方式来进行应用。

菊花

Chrysanthemum morifolium

- 科属　菊科菊属
- 别名　菊、白茶菊、白菊花
- 花期　9 ~ 11月
- 果期　11 ~ 12月
- 高度　30 ~ 90厘米

识别要点

　　茎嫩绿色或褐色。单叶互生。头状花序顶生或腋生，舌状花，花形各异，色彩丰富，有红、黄、白、墨、紫、绿、橙、粉、棕、雪青、淡绿等。少数品种夏季开花。

生态习性 耐热，略耐寒，喜温暖湿润气候，喜肥。

自然分布 产安徽、浙江、河南等地。

园林应用 适合布置花境，也可在岩石园配置，也可盆栽观赏。

南非万寿菊

Osteospermum ecklonis

- 科属 　菊科骨子菊属
- 别名 　蓝目菊
- 花期 　6 ～ 10月
- 高度 　20 ～ 50厘米

👁 识别要点

　　茎绿色，头状花序，多数簇生成伞房状，有白、粉、红、紫红、蓝、紫等色，花单瓣。

生态习性　喜阳，中等耐寒，可忍耐 - 5 ～ - 3℃的低温。耐干旱。喜疏松、肥沃的沙质壤土。在湿润、通风良好的环境中表现更为优异。

自然分布　原产南非，通常在我国作一年生栽培。

园林应用　作为花境的组成部分，与绿草奇石相映衬，更能体现出它那和谐的自然美。

千叶蓍

Achillea filipendulina

 科属　菊科蓍属

花期　6 ~ 8月

高度　40 ~ 50厘米

👁 识 别 要 点

　　全株灰绿色，有香气。羽状复叶互生。头状花序伞房状着生，花芳香，花盘黄色，另有白、粉花品种。

生态习性　耐寒，性强健，对环境要求不严，日照充足和半阴地都能生长。

自然分布　我国各地庭院常有栽培，新疆、内蒙古及东北少见野生。

园林应用　用于花境，以丛植为主；也可在公园、街头绿地等处条状、块状片植。

矢车菊

Cyanus segetum

- **科属** 菊科矢车菊属
- **花期** 2～8月
- **果期** 2～8月
- **高度** 50～70厘米

👁识别要点

　　茎直立，枝灰白色。头状花序在枝顶端排成伞房花序或圆锥花序。盘花蓝色、白色、红色或紫色。

生态习性 喜光，喜凉爽湿润气候、忌夏季炎热，宜肥沃的土壤。

自然分布 原产欧洲，现在我国广泛栽培。

园林应用 植株挺拔，可用于花坛、花境镶边或盆花观赏。也可条状植于园路两侧或片植于草坪内。

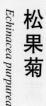

松果菊

Echinacea purpurea

- **科属** 菊科松果菊属
- **别名** 紫松果菊、紫锥菊
- **花期** 6～7月
- **果期** 8～9月
- **高度** 50～150厘米

👁️ 识别要点

因头状花序中管状花凸起像松果而得名。头状花序单生于枝顶，舌状花紫红色。

生态习性 稍耐寒，喜光，喜肥沃、深厚、肥沃土壤。

自然分布 原产北美洲，在我国河北地区生长势较好，表现良好。

园林应用 在公园、绿地和庭院中都可利用，还可作背景栽植或作花境、坡地材料。主要采用块状、列植的方式进行应用。

细叶银蒿

Artemisia austriaca

● 科属　菊科蒿属

● 高度　15 ～ 50厘米

　　茎、枝、叶两面及总苞片背面密被银白色、淡灰黄色略带绢质的茸毛。

生态习性 极高的抗旱、耐热、耐旱性，是优良的镶边植物。

自然分布 分布于内蒙古和新疆。

园林应用 极好的镶边及地被植物，可用在花坛或花境中。

宿根天人菊

Gaillardia aristata

- 科属　菊科天人菊属
- 花期　6 ~ 8月
- 果期　6 ~ 8月
- 高度　20 ~ 60厘米

识别要点

茎中部以上多分枝；下部叶匙形或倒披针形。舌状花黄色，基部带紫色。

生态习性 喜光、耐热、耐旱，耐盐，耐寒。喜通风良好的环境和排水良好的土壤。

自然分布 原产热带美洲，现在我国广泛栽培。

园林应用 主要用于花坛或花境，也可成丛、成片配植于林缘和草地中，也可成为缀花草坪的主要材料。

413

勋章菊

Gazania rigens

- ● **科属**　菊科勋章菊属
- ● **别名**　勋章花、非洲太阳花
- ● **花期**　4～6月
- ● **高度**　20～30厘米

👁 识 别 要 点

叶基生，全缘或有浅羽裂，叶背密被白绵毛。花径7～8厘米，舌状花黄、橙黄、橙红色等，有光泽，通常内外两色，过渡明显，形似勋章。

生态习性　喜温暖向阳，凉润环境，耐旱、耐瘠。忌炎热雨涝。

自然分布　原产南非，常作一年生栽培。

园林应用　可栽培在园路两侧，花坛、花境等处也可应用，还可盆栽摆放。多采用丛植和条状种植的方式进行应用。

Oenothera speciosa

美丽月见草

- 科属　柳叶菜科月见草属
- 花期　4 ～ 11 月
- 果期　9 ～ 12 月
- 高度　20 ～ 40 厘米

◎ 识别要点

茎丛生。基生叶倒披针形，茎生叶长圆状卵形。花粉红色。

生态习性　自然分布强，耐酸耐旱，不耐湿。对土壤要求不严。

自然分布　原产美洲温带，现在我国栽培广泛。

园林应用　常用于花境、街心公园和小游园等处。也可用于缀花草坪，多以丛植为主。

千鸟花

Gaura lindheimeri

- **科属** 柳叶菜科山桃草属
- **别名** 山桃草
- **花期** 5～8月
- **果期** 8～9月
- **高度** 1米

◉ 识 别 要 点

茎直立。叶互生，叶片卵状披针形。花紫红色。

生态习性 耐寒，喜凉爽及半湿润气候，喜光，喜肥沃、疏松及排水良好的沙质壤土。

自然分布 原产北美洲温带，现在我国广泛栽培。

园林应用 多用于花坛、花境、地被、盆栽、草坪点缀，适用于园林绿地，多成片群植。也可用作庭院绿化。

416

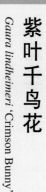

Gaura lindheimeri 'Crimson Bunny'

紫叶千鸟花

● **科属** 柳叶菜科山桃草属

● **花期** 5 ~ 11 月

● **高度** 50 厘米

◉识别要点

多分枝。叶片紫色，披针形。穗状花序顶生，花小而多，粉红色。

生态习性 耐寒，喜凉爽及半湿润环境。喜光，喜疏松、肥沃、排水良好的沙质壤土。

自然分布 栽培品种，现在我国广泛栽培。

园林应用 可用于花园、花坛、花境的绿化材料。也可植于草坪边缘、园路两侧、疏林边缘等处，采用群植的方式进行利用。

417

Yucoa gloriosa

凤尾兰

- **科属** 龙舌兰科丝兰属
- **别名** 短穗毛舌兰、菠萝花
- **花期** 5～12月
- **果期** 7月至翌年3月
- **高度** 5米

识别要点

　　叶剑形硬直，密集，螺旋状生于茎顶，长40～70厘米，宽5～8厘米，先端硬尖，边缘光滑，老叶边缘有时具疏丝。圆锥花序高1～1.5（2）米，花乳白色，大而下垂，常带紫晕。蒴果下垂，椭圆状卵形，不开裂。

生态习性 热带植物，喜光，有一定耐寒性，适应性强，耐水湿。

自然分布 原产美国东部及东南部，现在我国长江流域各地普遍栽植。

园林应用 良好的庭院观赏植物，宜植于花坛中央、建筑前、草坪、路旁等。

Echinocactus grusonii

金琥

● 科属 龙舌兰科龙舌
兰属

● 花期 4 ~ 11月

● 高度 1.3米

识别要点

植株单生，肉质，圆球形，球径80 ~ 100厘米。球体顶部密生金黄色茸毛，具21 ~ 37个棱。棱上排列整齐的刺座密生金黄色硬刺，辐射状，较粗，稍弯。球体长到40厘米后开花，花钟形，金黄色。

生态习性 喜光照充足、通风良好环境，耐旱，忌涝，适宜排水良的好沙质土壤。

自然分布 原产墨西哥中部的干旱沙漠及半沙漠地区，现在我国广泛栽培。

园林应用 可用于打造多肉植物或沙生植物专类园，应用于公园、住宅区、庭院景观。也可作盆栽装饰厅堂。

龙舌兰

Agave americana

- ● **科属** 龙舌兰科龙舌
   兰属
- ● **花期** 6 ~ 8月
- ● **高度** 1 ~ 2米

⊙ 识 别 要 点

叶呈莲座式排列，通常30 ~ 40枚，大型，肉质，倒披针状线形，叶缘具有疏刺，顶端有1硬尖刺，刺暗褐色。圆锥花序大型，长达6 ~ 12米，多分枝；花黄绿色。蒴果长圆形，长约5厘米。有许多变种：金边龙舌兰、银边龙舌兰等。

【生态习性】 性强健。喜阳光，不耐阴。稍耐寒，在5℃以上的气温下可露地栽培。耐旱性强。喜排水良好、肥沃而湿润的沙质壤土。

【自然分布】 原产美洲热带，我国华南及西南地区常引种栽培。

【园林应用】 在华南和西南的亚热带地区，可单株栽于庭院中，也可成行栽于花境中。大厅内陈设时应经常轮换，中小型盆株可供居室、会议室和办公室陈设。

柳叶马鞭草

Verbena bonariensis

- 科属　马鞭草科马鞭草属
- 花期　5～9月
- 高度　100～150厘米

👁 识别要点

茎为正方形，全株有纤毛。叶片对生。花序紫红色或淡紫色。

生态习性　喜光，喜温暖气候，不耐寒，喜肥沃土壤。

自然分布　原产南美洲，现在我国广泛栽培。

园林应用　可用于公园的园路两侧及别墅区的景观布置。也可成片种植形成大面积单纯的紫色花海，景观效果之佳，令人震撼。

美女樱
Glandularia × hybrida

- 科属　马鞭草科美女樱属
- 别名　草五色梅、铺地马
　　　鞭草、铺地锦
- 花期　4 ~ 10月
- 果期　9 ~ 10月
- 高度　10 ~ 50厘米

◉ 识 别 要 点

　　茎四棱，植株丛生而铺覆地面。叶对生，深绿色。穗状花序顶生，密集呈伞房状，花小而密集，有白色、粉色、红色、复色等，具芳香。

生态习性 喜温暖湿润气候，喜阳，不耐干旱怕积水。对土壤要求不严，在疏松、肥沃、较湿润的中性土壤中能节节生根，生长健壮，开花繁茂。

自然分布 原产巴西、秘鲁、乌拉圭等地，现在我国栽培广泛。

园林应用 枝叶密集覆盖地面，花色丰富，鲜艳雅致，花期长。常布置在花坛、花境，以及公园或公共绿地的入口处、林缘、草坪边缘等地带。

细叶美女樱

Verbena tenera

- 科属　马鞭草科马鞭草属
- 花期　4～10月
- 高度　20～30厘米

👁 识别要点

　　茎基部稍木质化，匍匐生长，节部生根。枝条细长四棱，微生毛。叶对生，二回羽状深裂，裂片线性，两面疏生短硬毛，端尖，全缘，叶有短柄。穗状花序顶生，开花呈碎状花序顶生，短缩呈伞房状，多数小花密集排列其上，花冠筒状，花色丰富，有白、粉红、玫瑰红、大红、紫、蓝等色。

生态习性 喜湿润、光照，生性强健，耐寒。

自然分布 原产于巴西、秘鲁和乌拉圭等美洲热带地区，现在我国广泛栽培。

园林应用 适合植于花坛、花径、房前、路边作观花草坪。

紫花醉鱼草

Buddleja fallowiana

- 科属　马钱科醉鱼草属
- 花期　5 ~ 10月
- 果期　9 ~ 12月
- 高度　2米

识别要点

　　半常绿灌木，叶片披针形，灰绿色。花期极长，从春末至初秋，花开不断，圆锥花序顶生，花蓝紫色，有芳香。

生态习性　喜光，喜温暖湿润气候和深厚肥沃的土壤，自然分布强，耐修剪。

自然分布　江苏、安徽、浙江、江西、福建、湖北、湖南、广东、广西、四川、云南和西藏等地。生长于海拔1 200 ~ 3 800米山地疏林中或山坡灌木丛中。

园林应用　适合用于庭院、公园、草坪边缘绿化造景，或作中型绿篱。对鱼有毒，应远离鱼池栽培。

血红老鹳草

Geranium sanguineum

- **科属**　牻牛儿苗科老鹳草属
- **花期**　4 ~ 5月
- **高度**　15 ~ 40厘米

👁 识别要点

　　叶片圆形，掌状深裂，叶柄长5 ~ 15厘米。聚伞花序，高于叶面。花瓣5，花粉红色至白色。

生态习性　喜光，耐寒，耐旱，耐贫瘠。

自然分布　原产北美，通常作一年生草花栽培，在我国各地均可栽培。暖温带南部地区可以露地越冬。

园林应用　主要作为地被植物栽培，也可用于花境、花台和盆栽观赏。丛植和片植为主。

耧斗菜

Aquilegia viridiflora

- 科属　毛茛科耧斗菜属
- 别名　西洋耧斗菜、耧
　　　　斗花
- 花期　5～6月
- 高度　40～80厘米

茎直立，多分枝。二回三出复叶，具长柄，裂片浅而微圆。数朵花生于茎端，花瓣下垂，距与花瓣近等长、稍内曲。花萼花瓣状，先端急尖，常与花瓣同色。花有蓝紫、红、粉、白、淡黄等色，径约5厘米。有许多变种和品种。

生态习性 耐寒，喜半阴环境，喜肥沃、湿润、排水良好的沙质壤土。

自然分布 分布于青海东部、甘肃、宁夏、陕西、山西、山东、河北、内蒙古、辽宁等地。

园林应用 适合种植于花坛、花境、岩石园中，林缘、疏林下种植也很适合。植株较高的品种可做切花。

芍药

Paeonia lactiflora

- 科属 毛茛科芍药属
- 别名 将离、殿春
- 花期 5～6月
- 果期 8月
- 高度 40～70厘米

👁 识别要点

茎无毛。下部茎生叶为二至三出复叶，上部茎生叶为三出复叶，小叶狭卵形。花数朵，生茎顶和叶腋，园艺品种花色丰富，有白、粉、红、紫、黄、绿、黑和复色等，花径10～30厘米。蓇葖果，顶端具喙。

生态习性 喜光照，耐旱，长日照植物，若光照时间不足或在短日照条件下通常只长叶。

自然分布 在我国分布于东北、华北、陕西及甘肃南部。

园林应用 城市景观中，常片植应用于花坛或花境，花开时十分壮观，也可作为切花。

427

Canna indica

大花美人蕉

- **科属**　美人蕉科美人
　　　　蕉属
- **别名**　美人蕉
- **花期**　3 ~ 11月
- **果期**　3 ~ 11月
- **高度**　1.5米

◉ 识别要点

全株绿色无毛，被蜡质白粉。叶大，单叶互生。总状花序，花单生或对生，花冠红色、黄色等。

生态习性 不耐旱、不耐霜冻，喜光，耐水湿，畏强风。喜温暖、湿润气候。

自然分布 原产印度，现在我国广泛栽培。

园林应用 各类绿地形式中均有应用，尤其在水边种植，效果最佳。主要采用丛植和片植的方式，来展示美人蕉的观赏特性。

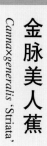

金脉美人蕉

Canna×generalis 'Striata'

- ● **科属** 美人蕉科美人蕉属
- ● **别名** 花叶美人蕉
- ● **花期** 7 ~ 10 月
- ● **果期** 7 ~ 10 月
- ● **高度** 60 ~ 120 厘米

◉识别要点

叶宽椭圆形，互生，有明显的中脉和羽状侧脉，镶嵌着土黄、奶黄、绿黄色等。

生态习性 喜高温、高湿、阳光充足的生长条件，耐半阴，不耐瘠薄，忌干旱，畏寒冷，喜深厚、肥沃的土壤。

自然分布 栽培品种，现在我国广泛栽培。

园林应用 常用于花坛、花境、街道花池、庭院等处，也可在溪岸河流处丛植。亦可作盆栽观赏。

紫叶美人蕉

Canna indica 'America'

- **科属** 美人蕉科美人蕉属

- **花期** 7 ~ 10 月

- **果期** 7 ~ 10 月

- **高度** 1.5 米

识别要点

　　茎粗壮，紫红色。叶片卵形或卵状长圆形，暗绿色，边绿、叶脉染紫或古铜色。总状花序长于叶片。

生态习性 喜温暖湿润气候，不耐霜冻，喜阳光充足的肥沃土地，性强健，自然分布强，几乎不择土壤，稍耐水湿，不耐寒，根茎在长江以南地区可露天越冬。

自然分布 栽培品种，在我国广泛栽培。

园林应用 适合用于城区、旅游景区、生活区、公园及行道绿化，也适合在园林绿化中作色块与其他观赏植物搭配使用。

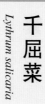

千屈菜

Lythrum salicaria

- 科属　千屈菜科千屈菜属
- 别名　水柳、对叶莲
- 花期　6～9月
- 果期　8～10月
- 高度　50～150厘米

👁 识别要点

　　茎直立。叶对生或三叶轮生，披针形或阔披针形，全缘，无柄。花组成小聚伞花序，簇生于主枝上，花淡紫色或紫红色。

生态习性　喜强光，耐寒性强，喜水湿，对土壤要求不严。

自然分布　在我国广泛分布。

园林应用　宜在浅水岸边丛植或池中栽植。也可作花境材料。在园林中以丛植和水边条状种植为主。

431

繁星花

Pentas lanceolate

- **科属**　茜草科五星花属
- **别名**　五星花
- **花期**　5～10月
- **果期**　5～10月
- **高度**　70厘米

识别要点

　　常绿。直立或外倾，被毛。叶片卵形、椭圆形或披针状长圆形，顶端短尖，基部渐狭成短柄。聚伞花序密集，顶生；花无梗，花柱异长，花冠淡紫色，喉部被密毛，冠檐开展。

生态习性　喜光、耐酷暑，喜肥沃、疏松的土壤。

自然分布　原产热带和阿拉伯地区，在我国应用广泛。

园林应用　盆栽可布置庭院、走廊、亭、台、花坛，大量地栽群植于花坛，能获得更美丽的景观。

三叶委陵菜

Potentilla freyniana

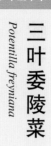

● **科属** 蔷薇科委陵菜属

● **花期** 3～6月

● **果期** 3～6月

● **高度** 8～25厘米

识别要点

　　有纤匍枝或不明显。根分枝多，簇生。花茎纤细，直立或上升，被平铺或开展疏柔毛。基生叶掌状三出复叶。伞房状聚伞花序顶生，多花，松散，花梗纤细。成熟瘦果卵球形，直径0.5～1毫米，表面有显著脉纹。

生态习性 喜温暖湿润气候，稍耐阴，耐寒，耐旱，根系发达，对土壤要求不严，耐瘠薄。

自然分布 产黑龙江、吉林、河北、山西、陕西、甘肃、湖北、湖南、福建、四川、贵州等地。生于山坡草地、溪边及疏林下阴湿处，海拔300～2 100米。

园林应用 主要做树林草地下的地被植物应用，铺地性好。

433

蛇莓

Duchesnea indica

- 科属　蔷薇科蛇莓属
- 花期　6 ～ 8月
- 果期　8 ～ 10月
- 高度　10厘米

◎ 识 别 要 点

　　根茎短，粗壮，匍匐茎多数，长30 ～ 100厘米，有柔毛。小叶片倒卵形至菱状长圆形，花单生于叶腋。

　　生态习性 喜阴凉、温暖、湿润气候，耐寒、不耐旱、不耐水渍。

　　自然分布 产我国辽宁以南各地。生于山坡、河岸、草地、潮湿的地方，海拔1 800米以下。

　　园林应用 作为地被植物成片种植，效果良好。

四季秋海棠

Begonia semperflorens

● **科属**　秋海棠科秋海棠属

● **花期**　全年

● **高度**　20～30厘米

👁 识别要点

　　茎叶肉质多汁，叶卵形或宽卵形，基部略偏斜，边缘有锯齿和睫毛，两面光亮，绿色，主脉通常微红。花淡红或带白色。

生态习性　喜阳光，稍耐阴，不耐寒，喜温暖、湿润的环境和土壤。

自然分布　原产巴西，现在我国广泛栽培。

园林应用　适合于布置花坛、花境，也可用作吊盆、栽植槽、盆栽观赏。

鱼腥草

Houttuynia cordata

- 科属　三白草科蕺菜属
- 别名　蕺菜
- 花期　5 ～ 8月
- 高度　15 ～ 50厘米

◉识别要点

　　茎呈扁圆柱形，扭曲，表面棕黄色，具纵棱数条，节明显，下部节上有残存须根，质脆，易折断。叶互生，叶片卷折皱缩，展平后呈心形，先端渐尖，全缘，上表面暗黄绿色至暗棕色，下表面灰绿色或灰棕色。叶柄细长，基部与托叶合生成鞘状。穗状花序顶生，黄棕色。搓碎有鱼腥气味。

　　生态习性　喜阴湿环境。

　　自然分布　产我国中部、东南至西南部各地，东起台湾，西南至云南、西藏，北达陕西、甘肃。

　　园林应用　林下十分优良的地被植物，配植于林下及湿地水景边坡等。

436

金叶薹草

Carex oshimensis 'Evergold'

● 科属　莎草科薹草属

● 花期　4～5月

● 高度　20厘米

👁 识别要点

　　多年生常绿，株高20厘米。叶细条形，两边为绿色，中央有黄色纵条纹。穗状花序。小坚果，三棱形。

生态习性　喜温暖湿润和阳光充足的环境，耐半阴，怕积水。对土壤要求不严，耐瘠薄。有一定的耐寒性，在黄河以南地区可露地越冬。

自然分布　栽培品种，现在我国广泛栽培。

园林应用　可用作花坛、花境镶边观叶植物，也可盆栽观赏。既可作为被植物成片种植，也可作为草坪、花坛、园林小路的镶边。

肾蕨

Nephrolepis auriculata

- 科属　肾蕨科肾蕨属
- 别名　蜈蚣草、圆羊齿
- 高度　30 ~ 60厘米

识别要点

常绿。中型陆生或附生蕨。根状茎直立，下部有粗铁丝状的匍匐茎向四方横展。根状茎和主轴上密生鳞片。叶簇生，一回羽状复叶，互生，叶披针形。羽片基部不对称，一侧为耳状凸起，一侧楔形，浅绿色，近革质，具疏浅顿齿。孢子囊群生于侧脉上方的小脉顶端，孢子囊群盖为肾形。

生态习性　喜温暖、潮润、半阴的环境，喜湿润土壤和较高的空气湿度。

自然分布　原产我国热带及亚热带地区，华南地区山地林缘有野生。

园林应用　在园林中可作阴性地被植物或布置在墙角、假山和水池边。可作盆栽，另外，其叶片可作切花、插瓶的陪衬材料。

438

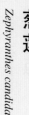

葱莲

Zephyranthes candida

● 科属　石蒜科葱莲属

● 花期　6 ～ 8月

● 高度　15 ～ 25厘米

识别要点

　　鳞茎卵形，直径约2.5厘米。叶狭线形，长20 ～ 30厘米，宽2 ～ 4毫米。花单生于花茎顶端，白色。外面常带淡红色。

生态习性 喜阳光充足，耐半阴，喜肥沃、排水良好的土壤，较耐寒。

自然分布 原产北美，现在我国栽培广泛。

园林应用 常在林下、园路边缘和半阴处作地被植物观赏。可作花坛、花径的镶边材料，也可组成缀花草坪进行应用。

大花葱

Allium giganteum

- 科属　石蒜科葱属
- 别名　吉安花、巨葱
- 花期　5～7月
- 果期　6～8月
- 高度　70～100厘米

 ◎ 识别要点

具地下鳞茎。叶狭线形至中空的圆柱形。伞形花序，密集呈球形。蒴果室背开裂。

生态习性 喜光，耐寒，适宜肥沃、疏松的土壤。

自然分布 原产中亚，现在我国广泛栽培。

园林应用 可用于花坛、花境或疏林下栽植。

韭莲

Zephyranthes grandiflora

● 科属　石蒜科韭莲属

● 花期　6～9月

● 高度　15～30厘米

识别要点

　　鳞茎卵球形，直径2～3厘米。基生叶常数枚簇生，线形，扁平，花单生于花茎顶端，下有佛焰苞状总苞，总苞片常带淡紫红色。

生态习性　喜温暖、湿润、阳光充足，亦耐半阴，也耐干旱，耐高温。宜排水良好、富含腐殖质的沙质壤土。

自然分布　原产北美，现在我国广泛栽培。

园林应用　常用于林下、边缘或半阴处作园林地被植物，也可作花坛、花径的镶边材料，在草坪中成丛散植，可组成缀花草坪，饶有野趣，也可盆栽供室内观赏。

441

常夏石竹

Dianthus plumarius

- 科属　石竹科石竹属
- 花期　5 ~ 10月
- 果期　6 ~ 10月
- 高度　30 ~ 40厘米

👁 识 别 要 点

　　常绿。茎蔓状簇生。叶灰绿色，长线形。花顶生，花色有紫、粉红、白色和复色等，具芳香。

生态习性　喜温暖和充足的阳光，略耐寒。要求土壤深厚、肥沃，忌积水。

自然分布　分布于奥地利至俄罗斯西伯利亚，现在我国广泛栽培。

园林应用　广泛用于城市的大型绿地、广场、公园、街头绿地、庭院绿地和花坛、花境中，主要应用方式以丛植和片植为主。

442

Saponaria officinalis

肥皂草

● **科属** 石竹科石碱花属

● **别名** 石碱花

● **花期** 6～8月

● **高度** 30～90厘米

◉识别要点

　　常绿。根状茎发达，茎基部铺散，上部直立。叶对生，宽披针形，三出脉。聚伞花序圆锥状，花瓣长卵形，先端凹，鲜红、淡红或白色；花萼圆筒形。因肥皂草的叶含有苷，在水中浸泡后产生泡沫，且具有肥皂的洗涤效果，故称肥皂草。

生态习性 喜阳，耐半阴，耐寒，耐旱。

自然分布 原产欧洲及西亚，我国各地有栽培

园林应用 栽植在树丛、绿篱、绿地边缘、道路两旁、建筑物前，也是地被、岩石园、屋顶绿化的优良材料。

美国石竹

Dianthus barbatus

- 科属　石竹科美国石
   竹属
- 花期　5 ～ 10月
- 果期　5 ～ 10月
- 高度　30 ～ 60厘米

识别要点

　　全株无毛。茎直立，有棱。叶片披针形，长4～8厘米，宽约1厘米，顶端急尖，基部渐狭，合生成鞘，全缘。花多数，集成头状，有数枚叶状总苞片；花瓣具长爪，瓣片卵形，通常红紫色，有白点斑纹，顶端齿裂，喉部具髯毛。

生态习性　喜温暖湿润气候，略耐旱，耐瘠薄。观花。

自然分布　原产北美，现在我国广泛栽培。

园林应用　可用于花境、花坛或盆栽，也可点缀于岩石园和草坪边缘。

鹿角蕨
Platycerium wallichii

● **科属**　水龙骨科鹿角
　　　　蕨属
● **别名**　鹿角山草、蝙
　　　　蝠蕨

👁 识 别 要 点

　　多年生附生草本，根状茎肉质。叶丛生下垂，叶有两种类型：不育叶，圆肾形，生于植株的茎部；下垂，厚革质，紧贴在附生树干上，顶端分叉呈凹状深裂，形如"鹿角"。

生态习性　喜半阴、温暖、湿润的环境。

自然分布　分布于中南半岛及我国云南西部。生于海拔210～950米的热带森林中树上。

园林应用　附生在树干或岩石上，可以作为盆栽观赏，放置在卧室或者客厅中。

445

铁线蕨

Adiantum capillus-veneris

- 科属　铁线蕨科铁线蕨属
- 别名　铁丝草、铁线草
- 高度　15 ~ 40厘米

◉ 识 别 要 点

中小型陆生蕨，株高15 ~ 40厘米。根茎横走，有淡棕色披针形鳞片，叶近生，薄革质，无毛，叶片卵状三角形，小叶片斜扇形和斜方形，二至三回羽状复叶，羽片开头变化大，叶柄纤细，紫黑色，有光泽，细圆坚如铁丝。植株纤弱。孢子囊生于背外缘，孢子囊群生。

生态习性　喜温暖、湿润、半阴的环境，宜疏松、湿润、含石灰质的土壤。

自然分布　原产美洲热带及欧洲温暖地区，常生于流水溪旁石灰岩上或石灰岩洞底和滴水岩壁上，我国华北以南地区有栽培。

园林应用　可盆栽点缀窗台、门厅、台阶、书房、案头、支架，也可瓶插，配以鲜花。在温暖、湿润地区，可植于假山缝隙，柔化山石轮廓。

红苋草

Alternanthera ficoidea 'Ruliginosa'

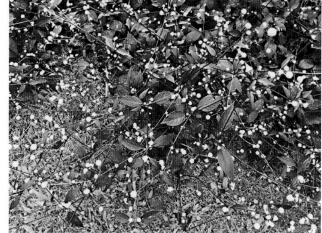

- 科属　苋科莲子草属
- 别名　紫杯苋、红龙草
- 花期　11月至翌年1月
- 高度　15～20厘米

 识别要点

　　节间较长，分枝多。单叶对生，叶倒三角状卵形，紫红至紫黑色。头状花序密聚成小球形，无花瓣。花乳白色，小球形，酷似千日红。

生态习性　喜强光，性强健，喜高温，耐旱，耐修剪。

自然分布　原产热带中、南美洲

园林应用　可在花台、庭院丛植、列植，或美化高楼大厦中庭，以强调色彩效果，也可作地被或花境草坪的镶边植物。

447

锦绣苋

Alternanthera bettzickiana

- **科属** 苋科虾钳菜属
- **别名** 红绿草、五色草
- **花期** 8～9月
- **高度** 20～50厘米

识别要点

　　茎多分枝呈密丛状。叶对生，匙形或披针形，全缘，常具彩斑或异色。头状花序腋生，白色，不明显。果实不发育。

生态习性 喜阳光充足，略耐阴。喜温暖、湿润，不耐酷热及寒冷。喜高燥的沙质土壤，不耐干旱及水涝。植株低矮，分枝能力强，耐修剪。

自然分布 原产巴西，现我国各大城市栽培。

园林应用 适用于布置模纹花坛，可用不同色彩配植成各种花纹、图案、文字等平面或立体形象。也可用于盛花花坛和花境边缘。

金鱼草

Antirrhinum majus

- 科属　玄参科金鱼草属
- 花期　3 ~ 6月
- 高度　60 ~ 100厘米

👁️ 识别要点

　　叶上部成螺旋状互生，披针形，基部对生。总状花序顶生，花冠颜色丰富，有红色、紫色、白色。

生态习性 喜光，喜凉爽气候，忌高温高湿，耐寒性较强。

自然分布 原产地中海地区，分布区域南至摩洛哥和葡萄牙，北至法国，东至土耳其和叙利亚。现在我国广泛栽培。

园林应用 适合用于花丛、花坛、花境、盆栽种植，高杆品种也可作为切花。

穗花婆婆纳

Pseudolysimachion spicatum

- 科属 玄参科穗花属
- 花期 6～9月
- 高度 30～45厘米

👁 识别要点

茎直立。叶对生。长穗状花序，花淡紫、桃红或白色。

生态习性 喜光，耐半阴，在各种土壤上均能生长良好，忌冬季土壤湿涝。

自然分布 产新疆西北部。

园林应用 适用于花境、花坛丛植及切花配材。

香彩雀

Angelonia salicariifolia

- 科属　玄参科香彩雀属
- 花期　6～9月
- 高度　30～60厘米

 识别要点

　　茎直立，圆柱形。叶对生或上部的互生、无柄、披针形或条状披针形，长7厘米，具尖而向叶顶端弯曲的疏齿。花单生叶腋，花梗细长，花萼长3厘米，裂片披针形，渐尖，花冠蓝紫色、白色或蓝紫白色。

生态习性 喜温暖，耐高温，对空气湿度自然分布强，喜光。

自然分布 原产墨西哥和西印度群岛，现我国广泛栽培。

园林应用 可用于花坛、花境，还可用于盆栽观赏。

金叶甘薯

Ipomoea batatas 'Golden Summer'

- **科属**　旋花科番薯属
- **别名**　金叶番薯
- **花期**　8～9月

识别要点

　　叶片较大，犁头形，全植株终年呈鹅黄色，生长茂盛。花小。

生态习性　有良好的下垂性，耐热性好，盛夏生长迅速，不耐寒。

自然分布　栽培品种，现在我国广泛栽培。

园林应用　可用于花境、岸坡及花坛进行色块布置，尤以与绿色地被、花卉等配植，美观雅致。也可盆栽悬吊观赏。

452

紫叶甘薯

Ipomoea batatas 'Black Heart'

● 科属　旋花科番薯属

● 别名　紫叶番薯

● 花期　9 ~ 11 月

识别要点

　　茎蔓性，匍匐生长，具块根。叶互生，心形，全缘，叶片紫色，叶脉叶背紫色。聚伞花序腋生，花冠浅粉色，钟状或漏斗状。

生态习性　同金叶甘薯。

自然分布　同金叶甘薯。

园林应用　同金叶甘薯。

453

紫露草

Tradescantia ohiensis

- 科属　鸭跖草科鸭跖草属
- 花期　4 ~ 10月
- 高度　20 ~ 30厘米

👁 识 别 要 点

常绿。茎下垂或匍匐。叶基抱茎，披针形，茎与叶 均为紫红色，被短毛。小花生于顶端，粉红色。

生态习性　喜温暖湿润气候，对光线的适应性较强，强光或荫蔽处均能生长。在日照充分的条件下，叶呈深紫红色，花量也较大，荫蔽处转为褐绿。耐旱，也耐湿，不耐寒。

自然分布　原产北美，现在我国东北、华北、华中及华东地区均有分布。

园林应用　以彩叶地被植物为主。适合在草坪丛植、道旁列植，也可作花坛、花境的镶边材料，也可种植于林下、墙垣、石旁、水边、花架，半阴条件下布置较为恰当。

荷包牡丹

Lamprocapnos spectabilis

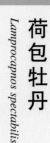

- **科属** 罂粟科荷包牡丹属
- **花期** 4 ~ 6月
- **果期** 6 ~ 7月
- **高度** 30 ~ 60厘米

识别要点

叶片轮廓三角形，二回三出全裂。总状花序长约15厘米，花优美，长2.5 ~ 3厘米，宽约2厘米，基部心形，外花瓣紫红色至粉红色，稀白色，下部囊状，内花瓣长约2.2厘米，花瓣片略呈匙形。

生态习性 耐寒，不耐高温，喜半阴湿生环境。喜排水良好的肥沃、沙质壤土。

自然分布 产我国北部，河北、甘肃、四川、云南有分布。

园林应用 适合用于布置花境，也可在精品园林的树丛、草地边缘湿润处丛植。

德国鸢尾

Iris germanica

- 科属　鸢尾科鸢尾属
- 花期　4～5月
- 果期　6～8月
- 高度　30～50厘米

👁识别要点

　　根状茎粗壮而肥厚。叶直立，剑形。花色丰富，白、蓝色、蓝紫等。蒴果三棱状圆柱形。

生态习性　喜光，喜温暖、湿润气候，喜肥、略耐干旱。

自然分布　原产欧洲，在我国广泛栽培。

园林应用　可用于花坛、花境和庭院绿地等处栽培，也可用于大面积的地被栽植和基础栽植。还可用于专类园的应用。

Iris japonica

蝴蝶花

● **科属**　鸢尾科鸢尾属

● **花期**　3 ～ 4 月

● **果期**　5 ～ 6 月

● **高度**　40 ～ 50 厘米

👁️ 识别要点

　　叶基生，暗绿色，有光泽，近地面处带红紫色，剑形，长25 ～ 60厘米，宽1.5 ～ 3厘米。花茎直立，高于叶片，顶生稀疏总状聚伞花序。花淡蓝色或蓝紫色，直径4.5 ～ 5厘米。蒴果椭圆状柱形，长2.5 ～ 3厘米。

生态习性　喜荫蔽、湿润的环境，略耐寒，亦耐热，喜肥沃土壤。

自然分布　产江苏、安徽、浙江、福建、湖北、湖南、广东、广西、陕西、甘肃、四川、贵州、云南。

园林应用　多用于林缘、疏林下作基础地被栽培。

马蔺

Iris lactea

- 科属　鸢尾科鸢尾属
- 花期　5～6月
- 果期　6～9月
- 高度　30～40厘米

👁 识 别 要 点

根茎粗壮，须根稠密发达。叶基生，宽线形，丛生。花为浅蓝色、蓝色或蓝紫色。

生态习性 抗旱、耐盐碱、抗杂草、抗病、虫、鼠害，耐践踏，根系发达，自然分布强，长势旺盛。

自然分布 产吉林、内蒙古、青海、新疆、西藏。生于荒地、路旁及山坡草丛中。

园林应用 由于自然分布和恢复力强，在城市开放绿地、道路两侧绿化隔离带和缀花草地、岩石园、各类坡地中，马蔺是无可争议的优质绿化材料。

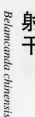

射干

Belamcanda chinensis

● **科属** 鸢尾科射干属
● **花期** 6～8月
● **果期** 7～9月
● **高度** 50～120厘米

◉识别要点

　　叶互生，嵌迭状排列，剑形；基部鞘状抱茎，顶端渐尖，无中脉。花序顶生，花橙红色，有紫色斑点。

生态习性 喜光，耐干旱和寒冷，对土壤要求不高，以肥沃、疏松、地势较高、排水良好的沙质土壤为好。忌低洼地和盐碱地。

自然分布 产吉林、辽宁、河北、山西、山东、河南、安徽、江苏、浙江、福建、台湾、湖北、湖南、江西、广东、广西、陕西、西藏等地。

园林应用 主要用于花径、疏林地被、假山岩石间隙和绿化护坡等。以丛植和片植为主要应用方式。

459

庭菖蒲

Sisyrinchium rosulatum

- **科属**　鸢尾科庭菖蒲属
- **别名**　日本薯蓣、尖叶山药、尖叶怀山药
- **花期**　5 月
- **果期**　6 ~ 8 月
- **株高**　15 ~ 25 厘米

👁识别要点

叶狭条形，互生或基生。花序顶生，花小，花色有淡紫、灰白、蓝等颜色，喉部黄色。

生态习性　喜温暖湿润和阳光充足的环境，耐半荫，喜肥沃疏松的沙质土壤。夏季高温时要注意遮阴，以避免烈日灼伤叶片。

自然分布　原产北美洲，在我国南方常引种用于装饰花坛，现已逸为半野生。

园林应用　多用于花境或花坛，也可作岩石园等镶边用。

PART

8

竹类

鹅毛竹

Shibataea chinensis

- **科属** 禾本科倭竹属
- **别名** 矮竹、三叶竹
- **笋期** 5 ～ 6月
- **高度** 1米

👁️ 识别要点

　　竿直立，直径2～3毫米，中空亦小；竿每节分3～5枝，枝淡绿色并略带紫色；每枝仅具1叶，偶有2叶。叶鞘厚纸质或近于薄革质，光滑无毛。叶片纸质，幼时质薄，鲜绿色。

生态习性 喜温暖湿润气候，略耐寒，不耐水湿，喜疏松、透气土壤。

自然分布 广布于江苏、安徽、江西、福建等地，在河北越冬困难，需保护越冬。

园林应用 多应用于庭院、公园绿地，丛植为佳。

菲白竹

Pleioblastus fortunei

● **科属**　禾本科大明竹属

● **笋期**　4～6月

● **高度**　30～60厘米

识别要点

　　节间细而短小。小枝具4～7叶，叶片短小，披针形，叶面通常有黄色或浅黄色乃至于近于白色的纵条纹。

生态习性　喜温暖湿润气候和深厚、肥沃的土壤，喜半阴，忌烈日，喜肥沃、疏松的沙质土壤。

自然分布　栽培品种，在我国广泛栽培，华北地区需保护栽培。

园林应用　在园林中主要作为地被植物来进行应用，也可丛植观赏。

菲黄竹

Pleioblastus viridistriatus 'Variegatus'

● 科属　禾本科苦竹属

● 笋期　4 ~ 6月

● 高度　40 ~ 70厘米

◉ 识 别 要 点

　　节间细而短小。小枝具4 ~ 7叶。叶片短小，披针形，叶面通常有黄色的纵条纹。

生态习性 喜温暖湿润气候，略耐寒，全光照和半阴条件下均可生长，喜排水良好壤土。

自然分布 栽培品种，在我国河北地区略有冻害，中北部地区盆栽观赏。

园林应用 用于地被覆盖。

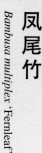

凤尾竹

Bambusa multiplex 'Fernleaf'

- 科属　禾本科簕竹属
- 别名　观音竹、筋头竹
- 高度　3～6米

识别要点

　　植株较高大，高3～6米，竿中空，小枝稍下弯，具9～13叶，叶片长3.3～6.5厘米，宽4～7毫米。

生态习性　喜微酸性土壤，略耐寒，不耐旱。

自然分布　栽培品种，河北南部可以露地栽培，略有冻害，中北部地区需盆栽观赏。

园林应用　在庭院中墙隅、屋角、门旁配植。

佛肚竹

Bambusa ventricosa

- **科属** 禾本科簕竹属
- **别名** 佛竹、罗汉竹、
  大肚竹
- **高度** 8 ~ 10 米

◉ 识 别 要 点

竿二型：正常竿高8 ~ 10米，直径3 ~ 5厘米，尾梢略下弯，下部稍呈"之"字形曲折。畸形竿通常高25 ~ 50厘米，直径1 ~ 2厘米，节间短缩而其基部肿胀，呈瓶状，长2 ~ 3厘米，前方两片形状稍不对称，后方1片宽椭圆形。

生态习性 喜温暖湿润气候，怕干燥，不耐寒。

自然分布 产我国广东，在河北地区不能露地过冬。需盆栽观赏。

园林应用 多栽培在假山旁，也可用于制作盆景。

刚竹

Phyllostachys sulphurea 'Viridis'

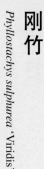

- 科属　禾本科刚竹属
- 别名　桂竹、金竹
- 笋期　5月中旬
- 高度　6 ~ 15米

👁 识别要点

竿直径4 ~ 10厘米，幼时无毛，微被白粉，绿色，成长的竿呈绿色或黄绿色。末级小枝有2 ~ 5叶；叶鞘几无毛或仅上部有细柔毛；叶片长圆状披针形或披针形，长5.6 ~ 13厘米，宽1.1 ~ 2.2厘米。

生态习性　喜温暖湿润气候，喜肥沃土壤，不耐水湿，略耐寒。

自然分布　原产我国，黄河至长江流域及福建均有分布。

园林应用　用于路边、墙边、假山旁、景墙边等处。

467

龟甲竹

Phyllostachys heterocycla

- **科属** 禾本科刚竹属
- **别名** 龙鳞竹
- **笋期** 4 月
- **高度** 3 ~ 5 米

识别要点

　　竿达 4 ~ 10 厘米。竿中部以下的一些节间极为缩短而一侧肿胀，相邻的节交互倾斜而于一侧彼此上下相接或近于相接，呈龟甲状。

生态习性 喜光，喜温湿性气候及肥沃、疏松土壤。

自然分布 各地毛竹林中零星出现，少有成小片生长，分布于长江流域各地。

园林应用 竹中珍品。可点缀园林，以数株植于庭院醒目之处，也可盆栽观赏。

黄槽竹

Phyllostachys aureosulcata

- ● 科属　禾本科刚竹属
- ● 别名　玉镶金竹
- ● 笋期　4月中旬至5月
　　　　　上旬
- ● 高度　9米

识别要点

　　竿粗4厘米，在较细的竿之基部有2～3节常作"之"字形折曲；节间长达30厘米，分枝一侧的沟槽为黄色，其他部分为绿色或黄绿色。末级小枝2～3叶。

 喜温暖湿润气候，略耐寒，喜疏松、透气土壤。

 产北京、浙江。

园林应用　多应用于墙边、角隅、假山旁等处。

黄金间碧竹

Bambusa vulgaris 'Vitata'

● **科属** 禾本科簕竹属

● **别名** 绿皮黄筋竹、碧
玉间黄金竹

● **高度** 18米

◉识别要点

丛生竹，植株高大粗达10厘米。竿金黄色，节间带有绿色纵条纹。

生态习性 耐寒性稍弱，喜光而略耐半阴，在疏松、湿润的沙壤土或冲积土上生长快。

自然分布 分布于广西、海南、云南、广东和台湾等南部地区。

园林应用 可营造大型园林竹景，植于假山、岩石、亭旁无不相宜。

470

金镶玉竹

Phyllostachys aureosulcata 'Spectabilis'

● **科属** 禾本科刚竹属

● **高度** 9米

 **识别要点**

　　竿粗4厘米，节间长达39厘米，分枝一侧的沟槽为绿色，其他部分为金黄色。末级小枝2～3叶；叶片长约12厘米，宽约1.4厘米，基部收缩成3～4毫米长的细柄。

生态习性 喜光，喜深厚、肥沃、湿润、排水和透气性良好的酸性土壤。

自然分布 产江苏，在河北地区生长良好。能耐-20℃低温。

园林应用 多用于建筑旁、假山旁和园林道路两侧观赏。

箬竹

Indocalamus tessellatus

- 科属　禾本科箬竹属
- 别名　篡竹、粽巴叶
- 笋期　4 ~ 5月
- 花期　6 ~ 7月
- 高度　0.75 ~ 2米

👁 识 别 要 点

　　竿粗4 ~ 7.5毫米，节间长约25厘米。叶片在成长植株上稍下弯，宽披针形或长圆状披针形，长20 ~ 46厘米，宽4 ~ 10.8厘米，先端长尖。圆锥花序（未成熟者）长10 ~ 14厘米，含小花5 ~ 6。

生态习性 喜光，喜温暖湿润气候，不耐寒。

自然分布 产浙江西天目山、衢县和湖南零陵阳明山，在河北地区需盆栽，室外不能越冬。

园林应用 主要用作地被植物，也可盆栽。

倭竹

Shibataea kumasaca

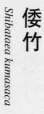

- 科属　禾本科倭竹属
- 别名　五叶世
- 笋期　5～6月
- 花期　5月
- 高度　1米

👁 识别要点

竹粗3～4毫米。节间光亮、无毛。竹环明显肿胀。叶卵形或卵状椭圆形，长3.5～14厘米，宽1～3厘米。花枝生于具叶枝条的下部节上。颖果长卵形。

生态习性　喜阳稍耐阴，在湿润、肥沃的土壤条件下生长更好，因竹密生，养分消耗大。

自然分布　原产我国东南沿海各省，分布于浙江、福建、上海、杭州、台湾、广州等地。

园林应用　枝叶细长，生长低矮，用作地被，别有一番风味。在日本，年年修剪使其形如草坪，或充作绿篱，耐修剪。

473

乌哺鸡竹

Phyllostachys vivax

- **科属** 禾本科刚竹属
- **别名** 雅竹、凤竹
- **笋期** 4月中、下旬
- **高度** 1米

👁 识别要点

竿粗4～8厘米；幼竿被白粉，老竿灰绿色至淡黄绿色，有显著的纵肋；节间长25～35厘米。箨鞘背面淡黄绿色带紫至淡褐黄色，无毛，微被白粉。末级小枝具2～3叶。叶片微下垂，较大，带状披针形或披针形，长9～18厘米，宽1.2～2厘米。

生态习性 喜光，喜温暖湿润气候，略耐寒，不择土壤。

自然分布 产江苏、浙江。

园林应用 多用于公园角隅、墙边等处，也可用于公园道路两侧，形成绿廊。

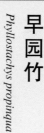

早园竹

Phyllostachys propinqua

- ● **科属**　禾本科刚竹属
- ● **别名**　早竹、雷竹
- ● **笋期**　4月上旬开始，
  持续时间较长
- ● **高度**　6米

识别要点

　　竿粗3～4厘米，幼竿绿色，光滑无毛；中部节间长约20厘米。末级小枝具2或3叶。叶片披针形或带状披针形，长7～16厘米，宽1～2厘米。

生态习性 喜温暖湿润气候，略耐寒，喜疏松、肥沃土壤。

自然分布 产河南、江苏、安徽、浙江、贵州、广西、湖北等地。

园林应用 竿细，姿态飘逸，多用于建筑旁，墙边、道路两侧。

475

紫竹

Phyllostachys nigra

- **科属** 禾本科刚竹属
- **别名** 黑竹、墨竹
- **笋期** 4月下旬
- **高度** 4～8米

◉识别要点

　　竿粗5厘米，幼竿绿色，一年生以后的竿逐渐先出现紫斑，最后全部变为紫黑色，无毛；中部节间长25～30厘米；叶片质薄，长7～10厘米，宽约1.2厘米。花枝呈短穗状，长3.5～5厘米。

　　生态习性 喜光，喜温暖、湿润气候，较耐寒，不耐积水。喜透气土壤。

　　自然分布 原产我国，南北各地多有栽培，在湖南南部与广西交界处尚可见有野生的紫竹林。

　　园林应用 多用于假山旁、墙壁边，现代园林则应用形式多样化。

PART
9

水生植物

花叶芦竹

Arundo donax 'Versicolor'

● 科属　禾本科芦竹属

● 花期　9 ～ 12 月

● 果期　9 ～ 12 月

● 高度　3 米

◉ 识别要点

　　多年生挺水植物。叶片宽条形，有白色或黄白色长条纹。

　　生态习性　喜光，耐水湿，也较耐寒，不耐干旱；喜肥沃、疏松土壤。

　　自然分布　栽培品种，在河北地区生长势强，生长速度快，表现良好。

　　园林应用　主要用于水景的背景材料，也可应用于稍湿润的旱地园林中，石旁、庭院建筑角隅等处均可栽培利用，多采用丛植的形式。水边可群植观赏。

● 科属　禾本科芦苇属

● 花期　7 ～ 10 月

● 果期　8 ～ 11 月

● 高度　1 ～ 4 米

👁 识别要点

多年生湿生草本。地下具粗壮根茎，匍匐生长。节上常具白粉。叶散生，线形或披针形，缘具细刺，草绿色至灰绿色，革质。圆锥花序顶生，长 10 ～ 40 厘米，微俯垂；小穗细，两侧压扁，圆柱状，长 12 ～ 16 厘米，褐色。颖果矩圆形。

生态习性　喜温暖、湿润和阳光充足环境。生长迅速，适应性强，耐寒，耐旱。

自然分布　在我国分布广泛。生于江河湖泽、池塘沟渠沿岸和低湿地。除森林生境不生长外，各种有水源的空旷地带，常以其迅速扩展的繁殖能力，形成连片的芦苇群落。

园林应用　挺水型植物，适合露地栽培，常用作湖边、河岸低湿处的背景材料。由于它的根系发达，适应能力强，因此，常成片栽种，用来固堤护坝、护坡、控制杂草。

黑三棱

Sparganium stoloniferum

- 科属　黑三棱科
　　　　黑三棱属
- 花期　5 ~ 10月
- 果期　5 ~ 10月
- 高度　0.7 ~ 1.2米

 识别要点

　　块茎膨大，比茎粗2 ~ 3倍，或更粗；根状茎粗壮。茎直立，粗壮，挺水。圆锥花序开展，长20 ~ 60厘米，具3 ~ 7个侧枝，每个侧枝上着生7 ~ 11个雄性头状花序和1 ~ 2个雌性头状花序。

生态习性　多年生水生草本，耐寒，怕旱。

自然分布　产黑龙江、吉林、辽宁、内蒙古、河北、山西、陕西、甘肃、新疆、江苏、江西、湖北、云南等地。

园林应用　多用于水边绿化和水景背景植物材料。

半边莲

Lobelia chinensis

- **科属** 桔梗科半边莲属
- **别名** 急解索、细米草
- **花期** 5 ~ 10月
- **果期** 5 ~ 10月
- **高度** 20厘米

👁 识别要点

多年生湿生草本。茎平卧，无毛，有白色乳汁。叶长圆状披针形或线形。花单生叶腋，花柄超出叶外，花萼筒卵状、半球状或浅钟状，果期宿存。蒴果倒锥状，长约6毫米。

生态习性 喜潮湿环境，稍耐轻湿干旱，耐寒，可在田间自然越冬。

自然分布 生长稻田岸畔、沟边或潮湿草地。广布于我国长江中下游及以南各地。

园林应用 花池、花坛、花境、花台的良好材料。地栽于湖畔溪边，用于浅水水体造景；也可进行盆栽，作为庭院装饰植物。

荷花
Nelumbo nucifera

● 科属　莲科莲属

● 别名　莲、芙蕖

● 花期　6～9月

● 果期　8～10月

● 高度　1～2米

识别要点

　　多年生挺水植物。根状茎横生，肥厚，节间膨大。叶圆形，盾状。花单生于花梗顶端，芳香。花色有白、粉、深红、淡紫色、黄色或间色。

生态习性 喜相对稳定的平静浅水、湖沼泽地和池塘等处，耐寒。

自然分布 分布产于我国南北各省。

园林应用 在水边、池塘中、溪流两侧均可以营造水景。也可盆栽大的瓷碗中，案头观赏。

Ludwigia epilobiloides

假柳叶菜

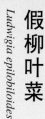

- 🔵 **科属** 柳叶菜科丁香蓼属
- 🔵 **别名** 丁香蓼
- 🔵 **花期** 8 ~ 10月
- 🔵 **果期** 9 ~ 11月
- 🔵 **高度** 30 ~ 150厘米

👁️识别要点

　　湿生一年生草本。茎直立，粗3 ~ 1.2厘米，四棱形。叶狭椭圆形至狭披针形。花瓣黄色，倒卵形，先端圆形，基部楔形。

生态习性 生于水边湿地，耐寒，不耐旱。

自然分布 分布于黑龙江、吉林、辽宁、内蒙古、陕西、河南、山东、安徽、浙江、江西、福建、台湾、广东、海南、广西、湖南、湖北、四川、贵州、云南。

园林应用 用于水体和池塘边绿化。

荇菜

Nymphoides peltata

- 科属　龙胆科荇菜属
- 别名　大浮萍、金莲花
- 花期　4～10月
- 果期　4～10月

◉识别要点

　　茎圆柱形，多分枝，节下生根。上部叶对生，下部叶互生，叶片飘浮，近革质，圆形或卵圆形。花冠金黄色，长2～3厘米，直径2.5～3厘米。

生态习性　耐寒又耐热，喜静水，自然分布很强。

自然分布　分布于全国绝大多数地。生于池塘或不甚流动的河溪中。

园林绿化　主要作水面绿化之用，也可盆栽观赏。

484

铜钱草

Hydrocotyle vulgaris

- 科属　伞形科天胡荽属
- 别名　香菇草、盾叶天胡荽
- 花期　6～8月
- 果期　6～8月
- 高度　8～37厘米

👁 识别要点

多年生挺水或湿生观赏植物。植株蔓生，节上常生根。叶互生，具长柄，圆盾形，缘波状，草绿色。伞形花序，小花白色。

生态习性　喜光，喜温暖，怕寒冷，耐阴，耐湿，稍耐旱。

自然分布　原产南美，在河北地区冬季地上部分冻死，第二年可以重新萌发。最好保护越冬，夏季表现良好。

园林应用　常在水体岸边丛植、片植，是庭院水景造景的优秀材料，南方地区谨防扩散。

485

旱伞草

Cyperus involucratus

- 科属　莎草科莎草属
- 别名　水棕竹、伞草、
　　　　风车草
- 花期　8～9月
- 果期　8～9月
- 高度　40～160厘米

◉识别要点

　　多年生挺水植物。茎秆粗壮，近圆柱形，丛生。叶状苞片非常显著，约有20枚，近等长，长为花序的两倍以上。

 **生态习性** 喜温暖、阴湿及通风良好的环境，不耐寒，自然分布强，对土壤要求不严。

自然分布 原产非洲马达加斯加，在我国河北地区夏季生长，冬季不能露地越冬。

园林应用 应用于各类水边和湿地，丛植和片植均可。

486

水葱

Schoenoplectus tabernaemontani

● 科属　莎草科水葱属

● 别名　冲天草、翠管草

● 花期　6～9月

● 果期　6～9月

● 高度　1～2米

👁 识别要点

多年生挺水植物。茎秆高大通直，呈圆柱状，中空。聚伞花序顶生。叶生于茎基部，褐色，退化为鞘状或鳞片状。聚伞花序顶生，稍下垂，小花白色。小坚果倒卵形，近于扁平，灰褐色。

生态习性 喜水湿，凉爽，要求空气流通，在肥沃土壤中生长繁茂。耐寒。

自然分布 产我国东北各省、内蒙古、山西、陕西、甘肃、新疆、河北、江苏、贵州、四川、云南，生长在湖边或浅水塘中。

园林应用 应用于水边、池旁布置，颇具野趣。

487

纸莎草

Cyperus papyrus

- 科属　莎草科莎草属
- 花期　6～7月
- 高度　3～5米

　　茎秆直立，丛生，三棱形，不分枝。叶退化成鞘状，棕色，包裹茎秆基部。总苞叶状，顶生，带状披针形。花小，淡紫色。

生态习性 喜温暖、湿润气候，不耐寒，喜水，常于近水湿地和浅水处生长。

自然分布 原产非洲，在我国华东、华南、西南地区有栽培。

园林应用 主要用于庭院水景边缘种植，可以多株丛植、片植，单株成丛孤植景观效果也非常好。

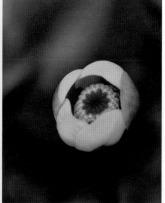

萍蓬草

Nuphar pumilum

- **科属** 睡莲科萍蓬草属
- **别名** 黄金莲、萍蓬莲
- **花期** 5～7月
- **果期** 7～9月
- **高度** 20～30厘米

识别要点

多年水生草本。叶纸质，宽卵形或卵形，心形，花挺出水面，黄色。

生态习性 水生，喜温暖、湿润、阳光充足的环境。对土壤选择不严。

自然分布 原产黑龙江、吉林、河北、江苏、浙江、江西、福建、广东。生在湖沼中。

园林应用 用于池塘水景布置，与睡莲、莲花、荇菜、香蒲、黄花鸢尾等植物配植，形成绚丽多彩的水生植物景观。又可与假山石及池塘组景，亦可作为家庭观赏。

芡实

Euryale ferox

- 科属　睡莲科芡属
- 别名　鸡头米、鸡头
　　　莲、刺莲藕
- 花期　7 ～ 8月
- 果期　8 ～ 9月

识别要点

　　一年生大型浮水草本。沉水叶箭形或椭圆肾形，长4 ～ 10厘米；浮水叶革质，椭圆肾形至圆形，直径10 ～ 130厘米。叶柄及花梗粗壮，长可达25厘米，皆有硬刺。花长约5厘米，紫红色，花瓣呈数轮排列，向内渐变成雄蕊。浆果球形，直径3 ～ 5厘米，污紫红色，外面密生硬刺。

生态习性　喜温暖、阳光充足，不耐寒也不耐旱。生长适合温度为20 ～ 30℃，水深30 ～ 90厘米。要求土壤肥沃，含有机质多的土壤。

自然分布　分布于我国南北各地，主产湖南、江苏、安徽、山东等地。

园林应用　与荷花等水生花卉植物搭配种植、摆放，形成独具一格的观赏效果。

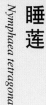

睡莲

Nymphaea tetragona

- 科属　睡莲科睡莲属
- 别名　子午莲、白睡莲
- 花期　6～8月
- 果期　8～10月
- 高度　60～80厘米

👁 识别要点

　　多年生水生草本。根状茎肥厚。叶椭圆形，浮生于水面，全缘，叶基心形，叶表面浓绿，背面暗紫。叶二型。花单生，花大美丽，花色白活粉红。

生态习性　水生，喜光，耐寒，通风良好。

自然分布　在我国广泛分布。生在池沼中。俄罗斯、朝鲜、日本、印度、越南、美国均有。

园林应用　浅水区水生植物，适应于各类水面绿化。

491

王莲

Victoria amazonica

- 科属　睡莲科王莲属
- 别名　亚马孙王莲
- 花期　7～9月
- 果期　9～12月

多年生浮叶草本。具肥厚根茎。叶圆形，直径100～250厘米，黄绿色。叶缘直立，高8～10厘米。叶形随生长阶段而不同，1～2片叶时，呈线形；3～4片叶时，呈戟形；5～6片叶时，近圆形；在10片叶后，叶缘四周向上反卷呈笕筛状；当具20片叶后，开始开花，叶片漂浮水面。花单生，较大，浮于水面，初开为白色，之后变粉，在凋谢前转为深红，具芳香。

生态习性 典型的热带植物。喜高温高湿，耐寒性极差，气温下降到14℃左右时有冷害，气温下降到8℃左右，受寒死亡。喜肥，要求水质清洁。

自然分布 原产美洲亚马孙河流域，我国西双版纳、广州、南宁等地均有引种。

园林应用 王莲以其独特的观赏性，被用于城市园林水体造景。小型水体可单株孤植，大型水体可群植，气势恢宏壮观。

492

Orontium aquaticum

水金杖

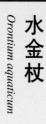

- 科属　天南星科水金杖属
- 别名　金棒花
- 花期　4月
- 果期　7～9月
- 高度　30～40厘米

👁 识别要点

　　叶片长椭圆形，长10～30厘米，宽5～10厘米。花序从叶丛中伸出，高于叶片，长可达20～30厘米，花柄下部褐色，中部以上白色，花序上部金黄色。

生态习性　水生或湿生，不耐干旱，喜深厚肥沃土壤，不耐寒。

自然分布　原产中非及美洲地区，河北地区夏季观赏，冬季室内保存。

园林应用　用于水边和池塘水边绿化，也可盆栽观赏。

芋 *Colocasia esculenta*

- 科属 天南星科芋属
- 别名 芋艿、芋头
- 花期 8～9月
- 高度 30～40厘米

 识别要点

　　多年生湿生草本。块茎通常卵形，常生多数小球茎，均富含淀粉。叶2～3枚或更多。叶柄长于叶片，长20～90厘米，绿色，叶片卵状，长20～50厘米，先端短尖或短渐尖。花序柄常单生，短于叶柄。佛焰苞长短不一，一般为20厘米左右。

生态习性　喜湿润高温环境，喜深厚肥沃土壤。

自然分布　原产我国和印度、马来半岛等热带地区，在我国通常做一年生栽培。

园林应用　多用于水边和近水湿地绿化。

紫芋

Colocasia esculenta 'Black Magic'

● **科属** 天南星科芋属

● **花期** 8～9月

● **高度** 30～40厘米

👁️ 识别要点

　　多年生湿生草本。块茎通常卵形，均富含淀粉。叶2～3枚或更多。叶柄长于叶片，长20～90厘米，紫色，叶片卵状，长20～50厘米，先端短尖或短渐尖。花序柄常单生，紫色，短于叶柄。佛焰苞长短不一，一般为20厘米左右。

生态习性 喜湿草本，怕冷，怕旱，喜高温。

自然分布 栽培品种，在河北地区夏季生长较好，不能露地越冬。

园林应用 用于沟渠和水边绿化之用。

水烛

Typha angustifolia

- ● 科 属　香蒲科香蒲属
- ● 别 名　鬼蜡烛、料蒲、
　　　　　毛蜡烛
- ● 花 期　6～9月
- ● 果 期　6～9月
- ● 高 度　1.5～2.5米

 识别要点

　　多年生水生或沼生草本。植株高大，地上茎直立，粗壮，叶片较长，雌花序粗大。叶鞘抱茎。

生态习性　生于湖泊、河流、池塘浅水处，当水体干枯时可生于湿地及地表龟裂环境中。耐寒。

自然分布　产黑龙江、吉林、辽宁、内蒙古、河北、山东、河南、陕西、甘肃、新疆、江苏、湖北、云南、台湾等地。

园林应用　主要应用于园林绿地中的水景边缘、湿地附近等处，营造充满野趣的湿地景观。

凤眼蓝

Eichhornia crassipes

- **科属** 雨久花科凤眼蓝属
- **别名** 凤眼莲、水葫芦
- **花期** 7 ~ 10月
- **果期** 8 ~ 11月
- **高度** 30 ~ 60厘米

◉识别要点

　　多年生浮水草本。须根发达，棕黑色。茎极短，具长匍匐枝，匍匐枝淡绿色或带紫色。叶在基部丛生，莲座状排列，一般5 ~ 10片；叶片圆形、宽卵形或宽菱形。花葶长34 ~ 46厘米，多棱；穗状花序，花紫蓝色。蒴果卵形。

　　生态习性 喜暖热气候和阳光充足的环境，适应性强，有很强的繁殖力。

　　自然分布 原产巴西。现广布于我国长江、黄河流域及华南地区。生于海拔200 ~ 1 500米的水塘、沟渠及稻田中。

　　园林应用 具有很强的净化能力，可以吸收水中的重金属元素和放射性污染物，与外界不通的湖泊、河流更宜种植。也可作盆景。

梭鱼草

Pontederia cordata

- **科属** 雨久花科梭鱼草属
- **别名** 海寿花
- **花期** 5 ~ 10月
- **果期** 5 ~ 10月
- **高度** 80 ~ 150厘米

◎识别要点

多年生挺水或湿生草本植物，叶柄绿色，圆筒形，叶片较大，深绿色，叶形多变。大部分为倒卵状披针形。穗状花序顶生，小花密集，蓝紫色带黄斑点。

生态习性 喜温，喜光，喜肥，喜湿，怕风不耐寒，适合在浅水中生长。

自然分布 原产美洲热带和温带，在我国河北地区有栽培，生长势一般。

园林应用 主要用于园林中湿地、水边、溪流和池塘绿化，也可盆栽观赏。

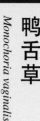

鸭舌草

Monochoria vaginalis

- **科属** 雨久花科雨久花属
- **别名** 薢草、接水葱
- **花期** 8 ~ 9 月
- **果期** 9 ~ 10 月
- **高度** 12 ~ 35 厘米

👁 识别要点

　　多年生水生草本。全株光滑无毛。根状茎极短。茎直立或斜上。叶基生和茎生；叶片形状和大小变化较大，由心状宽卵形、长卵形至披针形，全缘，具弧状脉。总状花序从叶柄中部抽出，花蓝色。

生态习性 水生植物，不耐旱，不择土壤。

自然分布 产我国南北各地。生于平原至海拔1 500米的稻田、沟旁、浅水池塘等水湿处。

园林应用 用于水边浅水处绿化，可以盆栽观赏。

雨久花

Monochoria korsakowii

- **科属**　雨久花科雨久花属
- **别名**　浮蔷、蓝花菜
- **花期**　7 ~ 8月
- **果期**　9 ~ 10月
- **高度**　30 ~ 70厘米

◉识别要点

多年生水生草本。全株光滑无毛。茎直立。基生叶宽卵状心形，长4 ~ 10厘米，宽3 ~ 8厘米，基部心形，全缘，具多数弧状脉；叶柄长达30厘米，有时膨大成囊状。总状花序顶生，花10余朵，蓝色。

生态习性　喜光照充足，稍耐荫蔽，不耐寒。

自然分布　产我国东北、华北、华中、华东和华南。生于池塘、湖沼靠岸的浅水处和稻田中。

园林应用　用于水边、湿地和池塘边缘绿化，亦可盆栽观赏。

Iris pseudacorus

黄菖蒲

- **科属** 鸢尾科鸢尾属
- **别名** 黄鸢尾、黄花菖蒲
- **花期** 5～6月
- **果期** 6～8月
- **高度** 80～100厘米

👁 识别要点

多年生湿生或挺水草本植物。植株高大，叶片茂密，基生，长剑形，中肋明显。花茎稍高出于叶，花明黄色，直径10厘米。

生态习性 喜湿润，腐殖质丰富的沙壤土或轻黏土，稍耐盐碱，喜光，也较耐阴，在半阴环境下也可正常生长。耐寒性强。

自然分布 原产欧洲，现在我国各地常见栽培，在河北地区生长良好，表现佳。

园林应用 是湿地水景中使用量较多的花卉。可配植在湖畔、池边和湿地岸边。亦可在水中挺水栽培，效果极佳。

路易斯安娜鸢尾

Iris hybrids 'Louisiana'

- 科属　鸢尾科鸢尾属
- 花期　5月
- 果期　9月
- 高度　80～100厘米

◉ 识别要点

　　多年生湿生草本。根茎长约30厘米，粗2厘米左右。具12～20个节。聚伞花序，着花4～6朵，花单生，蝎尾状，旗瓣（内瓣）3枚，垂瓣（外瓣）3枝，雌蕊瓣化。

生态习性 喜光，喜水湿，可生长在水中，不耐干旱，不甚耐寒，喜肥沃土壤。

自然分布 原产美国，现在我国河北、浙江、江苏、广西等地有栽培。

园林应用 花色彩丰富，冬季又能保持叶色翠绿，是长江中下游湿地绿化植物中极少的一种水生花卉。用于水边、池塘边和园林湿地中。

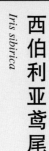

Iris sibirica

西伯利亚鸢尾

- 科属　鸢尾科鸢尾属
- 花期　4～5月
- 果期　6～7月
- 高度　40～60厘米

👁 识别要点

　　多年生湿生草本。植株基部围有鞘状叶及老叶残留的纤维。根状茎粗壮，斜伸。叶灰绿色，条形，长20～40厘米，宽0.5～1厘米；花色丰富，直径7.5～9厘米；花梗甚短。

生态习性 耐寒，耐旱，亦耐热，抗病能力强，不择土壤。

自然分布 原产欧洲，现在我国河北、河南、陕西、湖北、浙江、北京、江苏等地有栽培。

园林应用 丛植于水池、假山一隅，又可片植于湿地、林下。

溪荪

Iris sanguinea

- 科属　鸢尾科鸢尾属
- 别名　东方鸢尾
- 花期　5～6月
- 果期　7～9月
- 高度　40～60厘米

识别要点

根状茎粗壮，叶条形，花茎光滑，实心，花天蓝色。

生态习性　喜光，喜湿，也较耐阴。喜温凉气候，耐寒性强。

自然分布　产黑龙江、吉林、辽宁、内蒙古。生于沼泽地、湿草地或向阳坡地。

园林应用　用于水边湿地，浅水处，营造湿地景观，也可用于营造鸢尾园。亦可在林下做地被植物观赏，在花坛、花境等处应用。多采用丛植和片植方式进行应用。

Iris ensata

玉蝉花

- 科属　鸢尾科鸢尾属
- 别名　花菖蒲、紫花鸢
　　　尾、东北鸢尾
- 花期　6～7月
- 果期　8～9月
- 高度　40～100厘米

👁 识别要点

　　多年生湿生草本。根状茎粗壮，斜伸。叶条形，长30～80厘米，宽0.5～1.2厘米。花茎圆柱形，实心；花深紫色，直径9～10厘米。

生态习性　喜温暖、湿润气候，性强健，耐寒性强。

自然分布　产黑龙江、吉林、辽宁、山东、浙江。生于沼泽地或河岸的水湿地。

园林应用　适合用其布置水生鸢尾专类园。也可在池旁或湖畔点缀，亦可在花坛和花境中进行搭配使用。

慈姑

Sagittaria trifolia

- **科属** 泽泻科慈姑属
- **别名** 剪刀草、燕尾草
- **花期** 5～10月
- **果期** 5～10月
- **高度** 1.2米

识别要点

多年生水生或沼生草本。根状茎横走，末端膨大成球茎，较粗壮，挺水叶箭形，总状花序，小花白色，小巧可爱，瘦果具翅。

生态习性 喜温湿、充足阳光，适合在黏土中生长。

自然分布 我国长江以南各地栽培广泛。

园林应用 适用于小庭院，小水景营造，可与荷花搭配形成景观。

野慈姑

Sagittaria trifolia var. sinensis

- **科属** 泽泻科慈姑属
- **别名** 剪刀草、燕子草
- **花期** 5～10月
- **果期** 5～10月
- **高度** 1.2米

👁 识别要点

　　多年生挺水植物。地下具根茎，其先端膨大成球茎，可食，即慈姑。叶基生，叶形变化大，出水叶常为戟形，全缘，具长叶柄；沉水叶线形。花茎直立，单生，花白色。瘦果。

生态习性 适应性强，在陆地上各种水面的浅水区均能生长，喜光照充足、气候温和、较背风的环境，要求土壤肥沃、土层不太深的黏土。

自然分布 原产我国，南北各地均有栽培，但也为田间杂草。

园林应用 地栽于湖畔溪边，用于浅水水体造景；也可进行盆栽，作为庭院装饰植物。水浅时也可作挺水植物，群体景观效果好，特别是白花盛开时尤佳。

泽泻

Alisma plantago-aquatica

- 科属　泽泻科泽泻属
- 别名　水泽、如意花
- 花期　5 ~ 10 月
- 果期　5 ~ 10 月
- 高度　20 ~ 100 厘米

👁 **识别要点**

　　多年生水生或沼生草本，块茎大，叶通常多数，沉水叶条形或披针形，挺水叶宽披针形、椭圆形至卵形。花白色，粉红色或浅紫色，种子紫褐色。

生态习性　自然分布强，喜光，常生长于湖池、水塘、沼泽及积水湿地。

自然分布　原产黑龙江、吉林、辽宁、内蒙古、河北、山西、陕西、新疆、云南等地。生于湖泊、河湾、溪流、水塘的浅水带，沼泽、沟渠及低洼湿地亦有生长。

园林应用　适用于公园、庭院、植物园小湖泊、湿地栽培观赏。

再力花
Thalia dealbata

- 科属　竹芋科水竹芋属
- 别名　水竹芋、水莲蕉
- 花期　6~8月
- 果期　9~10月
- 高度　1~2米

👁 识别要点

多年生挺水草本，全株附有白粉。叶卵状披针形，浅灰蓝色。复总状花序，紫堇色。

生态习性 喜温，喜光，喜水湿。不耐寒和干旱，耐半阴。

自然分布 原产美国南部和墨西哥的热带地区，现在我国海南、台湾、广东、广西等地有栽培，华北地区保护栽培。

园林应用 成片种植于水池，溪流等处，也可种植于庭院水体景观中。

拉丁学名索引

514

中文学名索引

图书在版编目（CIP）数据

500种常见园林植物识别图鉴：彩图典藏版 ／ 贺风春等主编．—北京：中国农业出版社，2020.1
（2024.6重印）
ISBN 978-7-109-26380-2

Ⅰ．①5… Ⅱ．①贺… Ⅲ．①园林植物－识别－图解
Ⅳ．①S688-64

中国版本图书馆CIP数据核字(2019)第295518号

中国农业出版社出版
地址：北京市朝阳区麦子店街18号楼
邮编：100125
责任编辑：郭晨茜　国　圆
版式设计：郭　慧　责任校对：周丽芳
印刷：北京中科印刷有限公司
版次：2020年1月第1版
印次：2024年6月北京第6次印刷
发行：新华书店北京发行所
开本：880mm×1230mm　1/32
印张：17
字数：480千字
定价：68.00元